U0321576

建筑中国 4

BUILDING CHINA 4

当代中国建筑设计机构及其作品（2012—2015）

Contemporary Chinese Architectural Design Institutes and their Works (2012-2015)

徐洁　支文军　主编

TA3 时代建筑书系

总编：支文军　总策划：徐洁

顾问：罗小未
策划：媒地传播
主编：徐洁、支文军
编辑成员：丁晓莉、陈淳、周希冉
装帧设计：媒地传播
版面制作：杨勇

建筑中国

当代中国建筑设计机构及其作品 **(2012—2015)**

BUILDING CHINA 4

Contemporary Chinese Architectural Design Institutes and their Works(2012-2015)

徐洁　支文军　主编

同济大学 出版社
TONGJI UNIVERSITY PRESS

目录　Contents

前言 Preface

专题研究 Features

当代中国建筑设计机构及其作品（2012—2015）
Contemporary Chinese Architectural Design Institutes and their Works (2012—2015)

徐洁　XU Jie

前言 Preface

建筑中国15年记录

1．年轮

随着设计企业的纷纷上市，行业正发生着巨变，从2000年到2015年，在国民经济大发展的大背景下，中国的建筑设计行业也在这15年间得到了飞速发展。企业数量、经营规模、人员、效益和业绩等均呈现了直线上扬的趋势，与之伴随的是设计能力的节节攀升。

通过对这15年的观察、记录与思考，希望能从设计机构的成长视角来梳理中国建筑发展的脉络，从设计创作的纬度去反映时代的变化。

1）原创性的提高

中国建筑师在与国外同行同台竞争的过程中，已经拥有越来越多的主动权。中国建筑师已经从原来地被动接受国外建筑师创意、仅出方案，到与国内外建筑师共同进行方案探讨和概念表达，再到现在以国内设计机构为主，作为设计总包将某些项目分包给国外擅长专项的建筑师的格局。建筑的原创性有所提高，多个大型建筑都是由国内机构自主完成设计的。

2）模式的多元化

中国的设计模式正在从过去单一的承接设计转变为设计总承包、管理总承包、设计管理和项目管理等多元模式，也就是由单一模式向多元模式转变。以前，设计行业不算高新科技企业，但现在很多设计研究院都在申请高新科技企业的认证。同时，一些设计公司已经上市，这是以前不多见的。专业化、设计总承包、跨行跨域跨国将是发展趋势。

3）未来的发展趋势

未来的发展趋势可概括为四点：一是专业化发展趋势；二是专有技术发展趋势，例如绿色生态和可持续发展、光伏发电应用建筑表皮等，拥有这些技术的专项设计机构将体现更多优势；三是设计总承包发展趋势，设计项目由一家机构总包，再分包给其他多个公司；四是跨行业、跨领域和跨国界的合作，企业将实现资讯、项目管理和设计施工一体化的服务模式。

这其中，大型设计机构和小型事务所的发展应有所区别。我国的建筑设计企业有两个发展方向，一个是向大规模的"托拉斯"集团方向发展，另一个是逐渐分化出小型设计公司和事务所方向。在建筑设计行业中，一端是超大型企业依托设计施工一体化的资本，以集团式发展为主；而另外一端是结构设计、机电设计和建筑设计的专项事务所。前者是工程公司，在所有工作内容中，设计只是其中一部分；后者是事务所，获得资质即可以做专项全过程。推进小型事务所发展是一项国家策略。

2．变革

2015年国民经济进入新常态，经济复苏曲折、缓慢而复杂，国内经济增长进入换挡期，结构调整面临阵痛期。城市存量土地资产的开发、有历史文化记忆资源的再利用，设计开始更多地转向调研分析与概念研究。与此同时，互联网改变了交流的模式，颠覆了传统的价值体系和商业模式。"用互联网的思维审视我们所在的行业……"已成为各行各业的大佬们最常用的开场白。在互联网和移动互联网的催化下，社会经济热点正在从商贸转为服贸，推动中国从工业经济时代进入智慧经济时代。作为建筑师又将如何应对这个时代的变革？

1）并购重组"大时代"到来

国资改革提速，国务院要求加大改革力度，2015年的国企改革有两样重头戏正齐头并进，一是推进国企混合所有制改革，亮点是国务院力推的PPP（政府和社会资本合作）模式；二是推进国资重组整合。

在国民经济开启新常态之时，国内资本市场也迎来并购重组的大时代，特别是在"互联网＋"和国企改革等主题的催化下，并购重组所释放的投资机遇将蔚为可观。

机构数据显示，2014年，A股上市公司公告的并购案例数量超过4 450起，披露交易规模1.56万亿元，交易量创下历年之最。涉及上市公司超过1 783家，较2013年同期分别增长274%和210%。2015年以来，这一趋势还在延续，2015年初至今，首次公告重大资产重组预案的上市公司超过150家。成功的并购案例不仅带来了上市公司业绩的蜕变成长，更为未来并购重组时代演变提供足可借鉴的成功模式。

2）"人口拐点"如影随形

由于实施了几十年的计划生育，2010年中国的年龄结构呈纺锤形，劳动力比例大，经济增长势头不错，但是也导致内需不足。这种结构是不稳定的，并且很快就要变成高度不稳的倒三角形：劳动力严重短缺、高度老年化、经济丧失活力。

2015年之后，中国20—64岁劳动力开始负增长，下降速度将超过日本。劳动力是驱动经济增长的引擎，日本和欧洲部分国家和地区在"人口拐点"到来前后，经济危机如影随形，首当其冲的就是房地产。比如日本在 1992 年人口出现拐点之后，房地产泡沫破裂，地价大幅下降。

由于人口结构发生了转变，楼市所赖以生存的土壤——"人口红利"正在逐渐消失。主流人口专家认为，从理论上说，出现"刘易斯拐点"（即劳动力过剩向短缺的转折点）后，人口红利就会逐渐消失，即使执行了全面放开二孩政策也无法从根本上改变这一趋势。

3）互联网颠覆城市结构

信息化社会人们行为方式的变化引起了空间的变化：办公方式的改变导致办公建筑的形式和布局的改变；金融交易模式的改变将改变金融建筑的形态和分布；教育方式的变化对学校建筑产生巨大的影响，大学城的模式也许会不再存在，这一切都验证了人的行为方式决定建筑的空间和形式。

凡是大的社会变革都会影响到人类生活、行为方式的变化，最终势必会引起建筑和社区，甚至城市形态的变化。作为建筑师——人类生活容器的创造者，需要具备以睿智的眼光看待社会变化，敏锐地发现社会变革的能力，谁能最早捕捉到这些变化的趋势，谁就能紧跟时代的发展，始终具备超前行业的优势。因此，时刻关注社会的变革，关注建筑行业的发展方向，就是我们作为人类生活容器的创造者要做的功课。

站在这个时代变化节点上的设计师，面临的机遇和挑战会很多，这个行业原有的排序将会被改变。

3. 开拓

在全球化 4.0 版本中，中国有着全新的对外利益交换格局和策略。一方面中国希望"以开放促改革"，即通过对外开放为内部改革引入动力；另一方面，中国更希望通过本轮开放，在日益多极化的全球经济政治格局中发挥更主动的作用。

1）"一带一路"引爆企业长期利好

2015 年是"一带一路"战略的落地之年，毫无疑问，"一带一路"战略衍生出庞大的商机，将给中国企业"走出去"带来了前所未有的机遇。

推动建筑设计行业"走出去"，是我国建筑设计业国际化的必然，而"一带一路"是一条纽带，连接着建筑设计行业乃至每一家企业的"中国梦"与"世界梦"。

伴随着房地产行业的下滑，行业的紧缩日趋严重，而"走出去"被看成是行业发展的一大突破口，而"一带一路"将引爆行业长期利好。

目前，"走出去"已经成为行业内不少企业的重要利润增长点。伴随着"一带一路"政策的推进，沿线国家的城市建设需求潜力迅速激发，这给国内的整个建筑业都带来了更大的发展空间。然而，只有机遇是不够的，海外征战更重要的是要有国际化的实力和水平。事实上，竞争实力领先的行业龙头企业已经开始经营战略，尝试通过"走出去"来寻找新的利润增长点。建筑行业，从整体来看已经具有到海外市场竞争的实力，有的企业已经"走出去"。再加上有自身优势和国家政策支持，一定会有好的发展。与此同时，中国的建筑设计行业经过这 15 年的高速发展，已取得了重大突破，各方面的实力均得到了较大的改进和提升，为开拓国际市场创造了有利的条件。

2）加速企业自身发展

作为"走出去"战略的主要承担者，建筑企业有必要积极提升自身竞争力，通过整合咨询、设计、融资资源，提升自身一体化服务水平，积极参与国际竞争。建设主管部门应通过制订相关政策，鼓励和引导建筑企业全方位涉足石化、交通、电力、水资源、环保及工业制造等多种类型的工程项目，在国内大力推行设计、咨询与施工的一体化经营，不断提高企业的综合经营能力和承包工程的科技含量，为建筑企业综合竞争力的提升创造良好的市场环境。

4. 结语

站在新的起点，转型是缓慢痛苦的，就如凤凰涅槃般，舍弃原有的方法、经验，去开创新的道路，重新审视设计市场的边界与设计的核心价值观，创造出更适合社会需求的建筑。就如中国商人是和全世界的人做生意，中国的设计也应该服务于全球。

作者单位：同济大学建筑与城市规划学院

作者简介：徐洁，男，副教授，《时代建筑》执行主编

专题研究　Features

语言、意境、境界
中国智慧在建筑创作中的运用
Language, Mind and State
Chinese Wisdom in Architectural Design

设计公司转型之路
Transformation of Chinese architectural design institutions

设计新常态
The New Normality of Design

程泰宁　CHENG Taining

语言、意境、境界

中国智慧在建筑创作中的运用

改革开放 30 年来，中国经济建设的成就有目共睹，但中国建筑的现状，似乎与这一发展进程不相匹配，"千城一面"和"缺乏中国特色"的公众评价，凸显了我们所面临的困境。产生这一问题的原因是多方面的，但是应该看到，在建筑创作中，缺乏独立的价值判断和自己的哲学、美学思考，是其中一个十分重要的原因。

近百年来，中国现代建筑一直处在西方建筑文化的强势影响之下。从好处说，西方现代建筑的引入推动了中国建筑的发展；从负面来讲，我们的建筑理念一直为西方所裹挟，在跨文化对话中"失语"是一个不争的客观事实。虽然在这个过程中有不少学者、建筑师以至政府官员，在反思的基础上，倡导过"民族形式""中国风格"等，但由于缺乏有力的理论体系作支撑，只是以形式语言反形式语言，以民粹主义反外来文化，其结果只能停留在表面上而最后无疾而终。因此，建构自己的哲学和美学思想体系，以支撑中国现代建筑的发展，是一个值得我们重视并加以研究的重要问题。

那如何来建构这样一个理论体系？我同意这样的观点："中国文化更新的希望，就在于深入理解西方思想的来龙去脉，并在此基础上重新理解自己。"据此，我们需要首先来了解一下西方现当代建筑的哲学和美学背景。

在西方，"20 世纪是语言哲学的天下"。海德格尔说："语言是存在之家。"德里达说："文本之外无他物。"卡尔纳普则干脆把哲学归结为句法研究、语义分析。特别是近十几年"数字语言"的出现，似乎更加确立了"语言哲学"在西方的"统领地位"。(以上参见李泽厚：

《能不能让哲学走出语言》)。了解了西方这样的哲学背景，我们会很自然地想到，西方现当代建筑是不是在一定程度上也是"语言"的天下？耳熟能详的像"符号""原型""模式语言""空间句法""形式建构"以至最新的"参数化语言""非线性语言"等，事实上，这些建筑"语言"都可以看作是西方语言哲学的滥觞。通过学术交流，这些"语言"也已经成了很多中国建筑师在创作中最常用到的词语。

对于这种现象如何看待？

应该看到，"语言"包含着语义，特别是它对"只可意会不可言传"的建筑创作机制进行了理性的分析解读，值得我们借鉴。但同样应该看到，由于它在不同程度上忽视了人们的文化心理和情感，忽视了万事万物之间存在的深层次联系，很难完整地解释和反映建筑创作实际。因而这些"语言"常常是在流行一段时间以后光环渐失，在创作实践中并未起到"圣经"作用。

特别值得注意的是，以"语言"为本体，极易走入偏重"外象"的"形式主义"的歧路。我们已经明显地看到，从 20 世纪后半期开始，以"语言"为本体的哲学认知与后工业社会文明相结合，西方文化出现了一种从追求"本原"，逐步转而追求"图像化""奇观化"的倾向。法国学者盖德堡认为，西方开始进入一个"奇观的社会"，一个"外观"优于"存在"，"看起来"优于"是什么"的社会。在这种社会背景下，反理性思潮盛行，有的艺术家认为"艺术的本质在于新奇"，"只有作品的形式能引起人们的惊奇，艺术才有生命力"。他们完全否定传统、认为"破坏性即创造性、现代性"。了解了这样的哲学和美学背景就不难理解，一些西方先锋建筑师的设计观念和作品风格来自何处。对中国建筑师来说,我们在"欣赏"这些作品的时候是否也需要思考:这种以"语言"为哲学本体,注重外在形式,强调"视觉刺激"的西方建筑理念是否也有它的局限?我们能否走出"语言",在建筑理论体系的建构上另辟蹊径?

实际上,百年来,一代代中国学者一直在进行中国哲学和美学体系的研究和探索。例如,从王国维先生开始,很多学者就提出把"意境"作为一种美学范畴,试图建构一种具有东方特色的美学体系;近年来,著名学者李泽厚先生更是以"该中国哲学登场了"为主旨,提出了以"情本体"取代西方以"语言"为本体的哲学命题……这些哲学和美学思考,是中国学者长时期来对东西方文化进行深入比较和研究的成果。尽管由于建筑的双重性,我们不能把建筑与文艺等同起来,但毫无疑问,这一系列研究对于我们建构当代中国建筑理论有重要的启迪。

从这些研究出发,结合中国建筑创作的现状和发展,我考虑,相对于西方以分析为基础、以"语言"为本体的建筑理念,我们可否建构以"语言"为手段、以"意境"为美学特征,以"境界"为本体这一具有东方智慧的建筑理念?作为我们在建筑上求变创新的哲学和美学支撑?我认为,这不仅是可能的,而且是符合世界建筑文化多元化发展需要的。

结合创作实践,我把建筑创作由表及里分解为三个层面,即:形(形式、语言)、意(意境、意义)、理(哲理、"境界")。

第一个层面为"形",即语言、形式。相对于西方对于"语言"的

认知,中国传统文化的"大美不言"、"天何言哉",禅宗的不立文字、讲求"顿悟",几乎抹杀了语言和形式存在的意义,这显然有些绝对化。而顾恺之的"以形写神"、王昌龄的"言以表意",则比较恰当地表达了语言形式和"意"、"神"的辩证关系。按此理解,语言只是传神表意的一种手段,而非本体。既为手段,那么,在创作中,建筑师为了更好地表达自己的设计理念,可选择的手段应该是多种多样的。特别是在建筑创作的三个层面中,较之"意"、"理"的相对稳定,"语言"会随着时代的发展而不断变化,建筑师需要在充分掌握中外古今建筑语言的基础上,不断地转换创新。我以为,走出西方建筑"语言"的藩篱,摆脱"语言"同质化、程式化的桎梏,我们在语言创新方面将会有更为广阔的视界,在重新审视中国传统文化中"大气中和""含蓄典雅"等语言特色的同时,在建筑形式美、语言美的探索上力争有自己的新的突破。

建筑创作第二个层面为"意",即意境,意义。这里我们重点谈"意境"。

上面我们曾提到中国传统文化否定"语言"的绝对化倾向,但我们更要看到"大美不言""大象无形"的哲学思辨,也赋予了中国传统绘画、文学包括建筑以特有的美学观念。从很多优秀的传统建筑中可以看出,人们已超越"语言"层面,通过空间营造等手段,进而探索意境、氛围和内心体验的表达,把人们的审美活动由视觉经验的层次引入静心观照的领域,追求一种言以表意、形以寄理、情境交融、情溢象外的审美境界。这给建筑带来了比形式语言更为丰富,也更为持

久的艺术感染力。

"意境""情境合一"，是一种有很高品位的中国式的审美理想，是建构有中国特色美学体系的基础。对"意境"的理解和塑造，是中国建筑师与生俱来的文化优势，不少建筑师已经进行了有益的探索，我想，进一步自觉地开展这方面的研究和探索，对于我们摆脱"语言"本体的束缚，在理论和实践上实现突破创新，是十分重要的。

建筑创作的第三个层面为"理"、哲理。我认为，建筑创作的哲理——亦即"最高智慧"，是"境界"。

何谓"境界"？王国维在《人间词话》的手稿中说，"不期工而自工"是文艺创作的理想境界；有学者进一步解释说，"妙手造文，能使其纷沓之情思，为极自然之表现"即为"境界"（周编《人间词话》）。结合建筑创作，我认为这里包含着两方面的含义。

其一，从"天人合一"、万物归于"道"的哲学认知出发，要看到，身处大千世界，建筑从来不是一个孤立的单体，而是"万事万物"的一个组成分子。在创作中，摆正建筑的位置，特别注意把建筑放在包括物质环境和精神环境这样一个大环境、大背景下进行考量，既重分析、更重综合，追求自然和谐；既讲个体、更重整体，追求有机统一；使建筑、人与环境呈现一种"不期工而自工"的整体契合、浑然天成的状态，是我们所追求的"天人境界"，也是我们所需要建构的建筑观与认识论。

其二，"境界"不仅诠释并强调了建筑和外部世界的内在联系，而且还揭示了建筑创作本身的内在机制。以"境界"为本体，我们

可以看到，在建筑创作中，功能、形式、建构，以至意义、意象等等理性与非理性因素之间，并不遵循"内容决定形式"或"形式包容功能"这类线性的逻辑思维模式，也很难区分哪些是"基本范畴"和"派生范畴"（[美]·戴维·史密斯·卡彭《建筑理论》）。在创作实践中，建筑师所建构的，应该是一个以多种因素为节点的、相互联结的网络。我们游走在这个网络之中，不同的建筑师可以根据自己的理解和创意，选择不同的切入点，如果选择的切入点恰当，我们的作品不但能够解决某一个节点（如形式）的问题，而且能够激活整个网络，使所有其他各种问题和要求相应地得到满足。这种使"纷沓的情思"得到"极自然表现"的"自然生成"，是我们追求的创作"境界"。因此，从语言哲学和线性逻辑思维模式中解放出来，以"境界"这一具有中国智慧的哲学思辨来诠释建筑创作机制，建构一种符合建筑创作内在规律的"理象合一"的方法论，将使建筑创作的魅力和价值能够更加充分地显示出来。

此外，以境界为本体，还可以使我们更好地理解并运用那些充满东方智慧的、具有创造性的思维方式。例如直觉、通感、体悟……这些具有创造性的思维活动（方式），需要在反复实践和思考中获得，它也体现了一种建筑境界。

作者单位：中联筑境建筑设计有限公司
作者简介：程泰宁，男，中联筑境建筑设计有限公司董事长、主持建筑师，中国工程院院士、中国建筑设计大师，教授级高级工程师，国家一级注册建筑师

陈阳　CHEN Yang

设计公司转型之路

1. 好时代与坏时代

2015 年，业内有几件事引起了大家的关注：南方和北方各有一家大型设计公司门口出现讨薪横幅；北方某知名设计公司在商务投标中，报出了难以置信的低价；深圳发改委取消设计投标保底费，引起所谓设计师维权之说……这些在其他行业几年前发生过的类似事件，如今居然出现在了设计行业。

当这些事真的发生在我们这个行业中，甚至是身边时，早已过惯好日子的设计公司还是觉得愕然。有人不禁发出这样的疑问：这是不是设计行业崩盘的前兆？

崩盘最早是股市用语，指的是没有新资金进场，老股民被套，割肉也无法逃出，造成恶性循环、股价持续下跌。崩盘一词被引用到经济、楼市乃至体育赛事中，指代一种突然的滑坡现象。

显然，崩盘是大多数人意料之外的事，属于黑天鹅现象。所以在时间轴上，崩盘前必然会有一段长时间的牛市，要长到几乎所有参与者都放弃质疑，相信好日子能长久地持续下去，市场表现为量价齐升；而崩盘却是在极短的时间内发生断崖式坠落，量价齐跌；之后是漫长的疗伤期——熊市，量价均在低位盘整。

也可以用供求关系来解释崩盘的三个阶段：崩盘前是供不应求，崩盘时是供过于求，崩盘后是在低水平达成供求平衡。

设计行业过去 20 年确实非常类似崩盘前的牛市，2014 年下半年到 2015 年的经营状况也有点断崖式滑坡的现象，之后几年设计行业是否将步入漫长的熊市？要搞清楚这个问题，仅仅在设计行业内琢磨是不会有答案的，至少要从宏观经济的视角来看看。

如果用问题与答案的关系来描述宏观经济，会有三种状况。

（1）"问题清楚，答案也清楚"（1.0 阶段）。如 30 多年前中国人吃不饱饭，如何解决？答案很简单——包产到户，而所谓的姓社还是姓资是一个与解决问题无关的意识形态障碍。这时，只要敢干就行了。所以，30 年前的第一批有钱人——万元户都是胆大的人。显然，如果没有各种人为设置的阻碍，这种情况下的经济增长速度往往是超常的。这就是所谓后发国家的优势，中国过去 30 多年经历的也是这样一个过程。我们非常熟悉的一些"机械组织"的词语：集中力量办大事、分工协作、统一指挥、全面贯彻等都是有效的方法论。在这个阶段，很多行业都有过供不应求的时期，在建设领域表现为各类建筑物极度缺乏的状况。

（2）"问题清楚，答案不清楚"（2.0 阶段）。经历了第一阶段后，供求关系开始逆转。问题从"有无"变成"好坏"。对建筑师来说，会做设计不再是稀缺的，能把设计做好才算稀缺。中国建筑的问题是绝大多数建筑不及格。因此，这个阶段最需要自由竞争的市场条件，八仙过海各显神通，各种产品争相提出价值主张，通过优胜劣汰来筛选。第一阶段行之有效的自上而下的"机械组织"方法论在这时就不管用了，强调横向竞争式合作的"有机组织"应该是更合理的结构。

（3）"问题和答案都不清楚"（3.0 阶段）。其实就是未来方向不明。长跑中，领先选手虽有优势，但如果他不知道终点在哪里，就可能把大家都带到沟里。40 年前,中国有位数学家叫陈景润,研究的是"哥德巴赫猜想"。虽然陈景润是解题的人,但哥德巴赫更牛,因为他问对了问题。所以,在这个阶段,问对问题是关键。同时,以进化为特征的生态组织是最优结构。

中国宏观经济已走过 1.0 阶段,正向 2.0 阶段过渡。设计行业也经历过一些风浪,历次针对房地产产业的宏观调控对设计行业都有影响,但都是 1.0 阶段里的小周期,大趋势没变,所以挺一挺就过去了。但这次不同,挺一挺是过不去的,非做大的转变不可。

与中国制造业相似的是,设计行业的 1.0 阶段低端产能严重过剩,而 2.0 阶段高端产能严重不足。在目前的形势下,为数不多的有产品和品牌的公司、事务所仍然业务应接不暇,忙得不亦乐乎,大批同质化、拼时间、拼体能的画图工厂则陷入价格战的泥潭,还有些打着互联网概念旗号的平台型公司试图靠整合低端产能颠覆设计行业。

那么,如何从战略上理解设计公司的发展路径?

2. 设计公司的组织三轴

设计公司的组织三轴是"资源—流程—产品"。

一个公司从无到有地发展起来,首先是要有一些资源。民企创业一般是有几名设计师就可以开张了,这就是资源轴。资源轴当然是越多越好,越优越好,即量、质的增长。就如打扑克斗地主,手上抓的牌比对手好的话,赢的概率就高了。所以,资源占优势的企业就是比竞争对手的牌好。设计公司的人才层次越高、数量越多、专业门类越齐全就意味着抓的牌"又好又多",就可以选择"玩"比较高端的产品。在过去十几年中,评判一家设计公司(尤其是生产型公司)成功与否的标志之一是人员规模的增长,因为人员规模在一定程度上反映了公司资源轴的实力。资源不光是人力资源,还有品牌、资质、资金、公共关系、场地、技术等。

资源增长到一定质和量之后,企业的流程管理就会遇到瓶颈,就是怎样把抓到的好牌打好的问题。企业在既定的资源条件下,能否通过高效的业务流程使资源得到最佳的组织并变为优势发挥出来,是对组织管理能力的重要考验。对很多设计师出身的管理者而言,如何成为一个好的牌手,确实是个难题。业余象棋爱好者碰上国际大师,人家首先让你一车一马一炮,但你还是输,因为大师虽然资源不如你,但水平比你高,会用资源。行业中确实存一些初始资源条件差不多的公司,但几年下来实际经营状况相去甚远的情况,而且规模越大的公司,牌就越难打。

牌打不好有两种解决途径:一是把自己练成好牌手,不过这比较辛苦;二是寻求更强大的资源,以绝对的资源压住对手。民企只有前一条路可走,国企两条路都可以走,但以第二条路为主,尤其是央企,基本上陷入通过行政手段追求资源优势:不会打牌—追逐更大资源优势—更不会打牌—行政垄断的恶性循环中。虽然越来越多的央企进入世界 500 强,但又有几家能获得尊重?这样的游戏规则既糟蹋了资源,也练不出好牌手。

这个现象在设计行业没有那么明显,但设计行业的国企资源力量仍然非常强大，这是体制决定的。只是他们还睡着，而且不大可能醒来。一旦国企知道如何成为好的牌手，民企的日子就更不好过了。民企之所以现在能在行业中有一席之地，一开始靠的是流程能力。比如，民企基本靠服务好起家，即服务流程在一定程度上比国企更能满足客户的要求。用有限的资源，先把服务做好。当然，现在仅靠服务好，已远远不够。

有了一定规模和初级的流程，第三个问题来了——产品。产品是指企业在一定地域范围内，为满足某类客户的需求，提供的任何东西，包括有形的物品、无形的服务、技术、观念或它们的组合。也就是说，我们选择玩什么牌？你不可能成为所有玩法的一流高手，因为资源有限。产品选择本质上是价值取向决定的，如果喜欢赌，就会玩斗地主，如果偏好益智的游戏，就打桥牌，如果觉得是朋友间的消遣，可以选择升级。企业在五种设计公司发展导向中选择走哪条路，推出什么样的产品，也是决策团队的价值偏好所决定的。

很多人或许会不同意这一点，觉得企业的走向是由市场或资源条件决定的，但笔者认为这只是表象。正如狄更斯在《双城记》中所言："这是最好的时代，也是最坏的时代。"面对同样的市场，不同的人有不同的判断，有不同的企业行为。就像现在的市场，有人认为是红海，有人觉得处处是蓝海。而面对同样的资源，有人认为是宝贝，有人认为是鸡肋。

管理学的很多理论都是关于"资源—流程—产品"这三轴的。企业无论规模大小，总是在利用一定的资源，按照一定的流程，向客户提供一定的产品，所以"资源—流程—产品"三轴的能力或强或弱，或有意识或无意识都是存在的。规模小的时候，产品单一，产品轴的作用不明显，流程轴也往往隐含在资源轴中，组织架构表现为单资源轴发展的状况；随规模增长，流程轴、产品轴应逐步从资源轴中分离出来，以适应发展需求。遗憾的是，20 年来，大多数设计公司并没有随规模增长适时调整组织架构，仍停留在单资源轴的初级状态。

3. 产品时代 2.0 阶段

"资源—流程—产品"的三轴不仅在企业层面应该是自给的，在行业的宏观层面也是自给的。

计划经济时代，按照条、块分割进行设计院的分类，就是产品划分。条就是化工、石油、民用建筑等用途类型，对应竖向的部委办局；块就是按地域，有国家、大区级、省级、市级设计院。这种分类实际上定义了各设计院的细分市场，这是产品轴。然后为此进行资源配置，所以计划经济时代的大学生一定要包分配，其他资源也是按这个逻辑安排，这是资源轴。有了项目、有了人，在干活的过程中，各类设计院逐渐形成了一个比较合理的流程轴，满足计划经济时代产品要求。

但这时的产品其实算不上产品，设计工作只是完成任务，无关乎市场需求。这阶段可以称为"前产品时代"。

三十多年前开始的改革开放才有了市场经济，才算有了产品。

不过市场化不纯粹、不彻底，产品也是半吊子。借用冯仑先生《野蛮生长》一书的书名，1.0版本的时代可以称为"野蛮生长时代"，问题和答案都很清楚，需要解决的是有无的问题。在"前产品时代"中被压抑的需求在极短的时间里被释放，造成了房地产的黄金二十年，设计行业也搭上了顺风车，站在了风口上。风口上的日子自然很好过，好过到只要会画图就能挣钱。

产品轴的变化，影响到了资源轴，资源需要重组。民企创业初期是靠服务好接活，慢慢活多了、人多了，光靠服务好就不行了，随之也就摸索出了一套流程：怎么样稳定质量、提高效率、促进协作等，这些都是内部流程；还有外部流程，如何提高品牌影响力、销售渠道建设、营销与运营的衔接等。这是流程重构，是相对市场化的产品流程，与计划经济时代的流程不是一个概念。在1.0野蛮生长阶段，流程重构比较成功的公司逐渐获得了客户认可，规模变得更大。

20年的黄金时代过去了，进入了白银时代；1.0时代也同时过去了，进入了2.0时代的产品时代。

2.0时代面对的不是初级的有无问题，而是解决更高层次的优与劣、好与坏、美与丑的问题。现在有些设计公司业务量不饱满甚至处于半停工状态，不是简单的供过于求造成的，而是低端设计产能供过于求，高端设计产能仍是供不应求。一批低端设计公司退出市场是必然的。

在2.0时代的产品细分格局到来后，如何把产品做好、做优、做

美是细活。1.0时代市场行情好，大家相安无事，各赚各钱，2.0时代的竞争大戏才刚刚开始，姑且拭目以待。

4. 设计公司的五种类型导向

业内在讨论设计公司管理问题时，常有以偏概全的现象，问题可能出在没有把设计公司的类别再细分。

根据设计公司的三角，可以总结出五种设计企业专业化发展的导向：产品导向型公司、技术导向型公司、生产导向型公司、产业导向型公司和客户导向型公司。

不同类型公司的核心竞争力有本质差异，管理上的表现非常不同，在核心产品上也有区别的。同样是做城市综合体，产品型公司的作品必须为客户和用户提供新的空间体验，而在商业运营上是否赢利则是其次；生产型公司的综合体设计应该是中规中矩的，不夸张但很合理；产业型公司则能全方位考虑解决方案，客户是投资商，不同于产品型、生产型公司的客户——开发商。

1）产品导向型公司

通常为大师或明星事务所，它们的作品是地区乃至国家的标志性建筑，在学术上可能是一种探索、一种创新，对社会产生思维冲击力。

但是，创新有成功和失败两种可能，要付出代价。其中更多的建筑作品是半途夭折的，但我们只知道大师们光鲜的一面。即便是建成的作品，也是有相当风险的，比如悉尼歌剧院，造价从预算的

700 万美元飞升到 1 亿美元，建设周期从 4 年变成 17 年，这意味着悉尼歌剧院差点成为澳大利亚标志性的"半拉子工程"。

功成名就的大师们可以名利双收，着实令人羡慕。当下非常活跃的世界顶级建筑大师们，拥有很高的社会地位，甚至可以跨界进入时尚领域，收费也非常高。学建筑的学生在毕业时，有不少人会有"大师梦"，不一定是奔着赚钱，而是希望能有成就感。可惜，大师之所以是大师，就是因为一万个建筑师才能出一个大师，每个大师背后躺着九千九百九十九具"尸骨"。

产品型公司核心竞争力是创意。这些公司非常强调自己对建筑的理解，甚至上升到哲学高度，并由此产生独特的建筑设计理念。打开这些公司的网站会发现它们和其他设计公司不一样，从中可以读出对人生、对社会、对环境、对空间、对建筑艺术的独特见解。所以产品型公司的作品很多是独创的，往往不可复制。不仅别人难以仿冒，大师自己也不满足于沿袭自己以往的套路，而追求有所发展提高，新作品总要有所突破，阐述新的理念。产品型公司不刻意追求企业实体的延续，而在意学术理念的传承。

2）技术导向型公司

在中国，这类公司最典型的代表是建筑技术研究院。技术型公司的核心价值在于工程技术领域（如建筑材料、绿色节能、结构技术、机电技术）地不断研发与应用。公司规模可大可小，根据它所专注的技术领域的需求来确定规模。

在相当程度上，技术型公司构成了建筑产业的技术基础，中外

在这方面的差距远大于在建筑设计水准上的差距。在很多产业中，我们没有自主技术，靠模仿、克隆、山寨，拿出来的东西质量虽比不上德国、日本，但也可能达到 70%~80%，建筑技术因为具有很强的本土特性，无法简单模仿，必须靠自主研发形成体系。然而，正如中国没有大师成长的沃土一样，中国的自主研发能力也很低，这可能就是技术差距大的原因之一。不过，换一个角度来看，未来技术型公司的发展空间很大。过去十几年，老牌国营技术型公司几乎都"不务正业"，涉足建筑设计，未来他们的出路不是副业上如何突破，而是如何回归本源，寻求技术创新。

3）生产导向型公司

中国绝大部分民用建筑设计公司都属于此类。

生产型公司的创新重点在于流程化，善于把常规建筑的设计过程进行有效的 WBS 工作分解，并通过流程化的设计过程控制，达到设计产出的质量可靠、技术成熟、造价可控、周期合理。设计过程更需要团队合作完成。所以，每个公司要根据自己的产品特点制订行之有效的作业流程。相对于产品型公司的产出可以称为"作品"，生产型公司的产出可以称为"精品"。

建筑设计是定制产品，虽然不像标准工业产品那样能大批量100% 复制，但同样能借鉴这种思维方式。据统计，任何划时代意义的创新产品，98% 以上依赖于已有技术，只有不到 2% 是全新技术。生产型公司就是能把这 98% 的现有技术解析做到极致。

生产型公司往往是大中型规模的公司，因为针对产品制订工作

流程是一个研发过程，需要相当的投入，如果没有一定量的同类项目，这样的研发投入就很不经济。

4）产业导向型公司

传统设计公司里的设计师认为自己是搞设计的，而产业型公司（一般称为工程公司）里的设计师应该被理解是搞技术的。换句话说，工程公司就是把它的技术能力不仅仅用于做设计，还用于其他环节（如可行性研究、投融资、策划咨询、项目管理、设备采购、安装调试、运营等）上的服务。

产业型公司的外表似乎很光鲜，规模大，抗风险能力强。但实际上大鳄之间的竞争是你死我活的，结局往往遵循R3法则，即在一个细分市场中，只有位居前三名的公司才有可能存活下来，第一名占据较高的市场份额，活得滋润；第二名高不成低不就，过得一般；第三名是难有利润可言的，所以最折腾，总在玩新花样，并试图上位，成了就坐二望一，不成就退出江湖。之所以是这样的竞争格局，是因为产业型公司与资本的契合度较高。与资本契合度高的好处是可以实现快速扩张；但也有坏的地方，资本作用力越大的市场，越是你死我活，越是寡头垄断竞争格局。

5）客户导向型公司

前面四种类型的公司，行业中都能找到明确的案例，很容易理解。最后一种公司——客户型公司，却还找不到这样的案例，只是觉得理论上应该是存在的。这里，要说明两个概念的区别：客户需要与客户需求。客户需要是深层次的一种诉求、倾向，而客户需求是这种诉求、倾向的现实表达。

需求和需要之间理应存在逻辑关系，但实际生活中，需求未必是需要的精准翻译。当客户的需求和需要之间发生错位时，其他类型的公司要么被客户的善变搞得晕头转向，要么等待客户拿定主意再动手设计。而客户型公司则认为机会来了！错位越严重，机会越大，挣钱越多。

客户型公司能透过客户表达的需求或对某种客户现象的观察，洞悉客户需要，甚至不仅是满足客户当下的需要，还能引导客户的需要。

5. 结语

现在的市场波折与其说是哀鸿遍地的崩盘，不如说是从1.0向2.0的进化。进化需要基因突变，那些有产品、有品牌的公司在过去20年间有些另类，就像突变的基因。也许，这正是2.0时代需要的基因。至于身处1.0江湖中的各色人等，有的能到达2.0的彼岸，而多数会是进化过程中的"代价"。

换一种思维就会发现，貌似红海的设计市场中，实则有大量的蓝海待发现。

作者单位：ADU企业管理咨询公司

作者简介：陈阳，男，首席咨询顾问，清华大学、同济大学总裁高级研修班讲师

李瑶　LI Yao

设计新常态

1. 写在最前面

有关建筑的专业文章，从业以来写过不少，而这篇稿件却迟迟无法完稿。文章主题围绕目前所进展的设计联盟事宜，当时接稿的时候还觉得可以一蹴而就，但执笔过程中却发现正因为这是一项正在进行的实践过程而非已有定论的学术事件，尚未能用具象的表述来加以定义。挣扎了许久，尝试着调整角度，把这篇文章作为设计从业以来的回顾，希望为大家提供一份关于新常态下的设计市场的思考。

2. 时代与城市

改革，作为一个社会变革的节点，经济模式由政府主导转入了市场经济体制。在开启对内改革、对外开放的国策下，社会以前所未有的改变进行着重塑，这是场革命般的过程。建筑，作为满足生活和生产的空间场所以及最直接的物质表现，在这场社会升级中迎来前所未有的发展。社会的价值飞速提升，GDP 数值从 1980 年的 4 546 亿元激增至 2014 年的 60 万亿元。中国建筑市场在此背景下脱缰般飞驰。

城市在建筑的冲击下飞速的改观，上海同样发生着巨变。曾经定格了多少年的画面——少年穿梭奔跑的弄堂、爆米花车轰隆作响而弥漫着糖精气息的过街楼、放学后紧揣零花钱等待棉花糖老头到来的弄堂广场……这些都快速地淡出了视线。在全新生活的召唤下，原有的格局无法满足城市生活发展的需求，包括物理空间和生活配置，生活方式渴望改变。

而后的进程中，中国建筑师的设计之路开始积极地拓展，催生了无数的建筑作品。城市因建筑而改变，也给予了建筑师宝贵的思考、实践和认知的机会。然而 30 年停滞期后的巨变要求，建筑师尚未做好完全的准备，当年的建筑设计从理念和实施上均存在着局限性，建筑师们更多是通过杂志来获得相关讯息，缺少实际尺度上的体验和实践经验，早期的设计更多表现出单纯形式上的初步进展。

市场的需求导致大量的知名或不知名的境外建筑师踏入中国市场。首先是港风兴盛，一批批亚热带风格的建筑纷纷扎根内地。在尝鲜不足的境况下，我们的建筑又迅速被欧美风潮所笼盖，大部分中国建筑师很难得到重要城市和关键位置上公共建筑设计的主导权，只能尝试着通过合作来学习和积累全新设计理念，一部分人则开启了留学之路来重新认识建筑。

3. 职业再起步

1）破立

笔者有幸参与这轮发展过程。从国内大院进行体系化的学习开始，而后作为交流建筑师赴日本三菱地所设计株式会社工作，这是设计理念开始积累和沉淀的时期。在两年的赴日交流过程中，参与了东京大厦、半岛酒店的方案设计，设计思维从设计初期的无束缚向理性思维转变。然后因为 CCTV 新大楼项目和 OMA 合作，有机会在鹿特丹与 OMA 事务所并肩工作一年，对欧洲先锋的建筑理念和建筑实践有了更多直接的体会。

在设计理念的建立过程中，反复体验从立到破、再从破到立的过程，这些经历都让笔者获益匪浅。在日本期间，更多经历的是立的过程，而 CCTV 新大楼项目的设计过程更多体现为观念的打破。在立和破的过程中，感悟到立和破的辩证原则。

2）联盟

笔者最终选择了相对宽松的创作氛围，以专业化的工作室模式来实践对建筑的理解和追求。希望以具有区域特征的原创精神、以"小而精致、大至精彩"度身定制式的设计服务创作作品。在小型化的设计平台上，将建筑设计作品不断地更新和提高。

大小建筑着力于将专业化的设计理念引入项目的整体过程，将设计服务贯穿项目全过程，完善项目的起承关联。探索过程中，寻求在经济性角度上的建筑表达，将建筑设计的专业性向两端延伸。一方面将设计经验转化成前期策划理念，在市场尚未定型之际来辅助项目的开发和定位；另一方面追求成熟的设计理念与建筑技术相结合，保证项目理念的落实。力求体现设计和建造的完成度，通过负责项目的全过程设计以及包括室内设计、设计顾问管理在内的衍生服务，最终体现建筑师作为项目灵魂的主导作用。

在体现专业化精细代表的要求下，对于大型项目的综合需求，大小建筑作为发起人联络了建筑、结构、幕墙、BIM、室内设计和灯光设计等核心单位，开放式地结合了一些设计合作伙伴，形成了一个以设计交流为基础的联盟——大小建筑联盟。这一联盟从成立之

初即被塑造为一个专业事务所之间的交流平台，联盟成员间相互给予技术支持。由上海大小建筑设计事务所有限公司作为牵头人，其中大小建筑作为建筑设计、上海易赞建筑设计工程有限公司承担结构设计、EFC 创弈国际工程咨询有限公司负责幕墙及 BIM 设计、上海路盛德照明工程设计有限公司负责灯光设计、上海高美室内设计有限公司承担室内设计、上海迪弗建筑规划设计有限公司负责景观设计，还有其他一些合作成员的加入，以一种自发的方式进行技术联合，没有特别的组织形式，只是通过交流的平台组织一些学术探讨和技术合作。在技术层面是学术探讨，在操作层面是项目合作。

大小建筑联盟目前以技术交流为主要交流内容，采用开放式、定期化的论坛方式加以推进。起初的交流频率较为密集，小型化的团队各自都面临着项目信息和落地性的挑战，交流模式也逐渐调整为平时的应需而动，并以年度论坛作为汇总的方式。

4. 市场转型升级

由于受到当前市场化、多元化等社会发展的多重影响及互联网行业和大数据时代的巨大冲击，与人类生产和生活息息相关的建筑设计和地产领域不可避免地面临更多挑战，而转型升级则成为整个行业被迫或主动选择的解决之道。

1）品质提升

当房地产行业已呈衰退趋势之时，与房地产紧密相关的设计行业亦要随之发生改变。目前设计公司运营工作重心正在发生转移，

由原来以数量为主到以质量为主，这就要求设计企业重新梳理原有的工作方式和方法，提高生产效率、增强核心竞争力。当转型迫在眉睫之时，事情发生以后怎样解决并不是重点，关键是提前去思考——什么事情该做，什么事情不该做。专业化和技术化已然是发展的关键。希望整个市场是良性发展的，市场能尽快复兴；同时希望把建筑的技术型做得更进一步，就像运动需要休息期，暂且把当现在的市场作为一个适当的调整期。

大型设计机构各自在完善自我的构架，包括跨界和艺术的介入；而小型设计事务所，突出更广泛的行业联合及设计顾问联盟也成为发展的重点。

新常态已经是大家明确的一个设计状态。过去花精力是赶时间，现在花精力应该是赶品质，把过去因为赶时间而流失的品质概念重新找回来。虽然现在城市的扩展更新不会继续成倍加速，但是城市在另一方面的使用功能上的更新将提速，建筑功能的提升永无止境，品质的提升更重要。

2）城市复兴

在每个城市快速开发的基础上，满足了基础物质改变后，寻求城市记忆是人们重新期待的建筑方向。地域文化体现了人性化的城市概念，不仅仅表达了广义的中国文化，每个城市其自身的文化和空间特征是建筑师值得去寻找和运用的。在城市慢慢远离原有格局的过程中，如何维护我们的文化？

衡山路十二号为了解决自身功能和周边规划的问题，以一个低矮的建筑形式作为城市导入的方向，表现了"城市情结"，一个绿色核心的内院空间形成了很好的对应，也是新兴建筑对于城市的全新反馈。红砖绿荫是整个区域的特色，传统的陶板技艺对城市的色彩进行了全新的回顾，入口陶板与玻璃份双层幕墙形式，让传统的技艺散发出时代的气息，表达光线和室内的交互。

保护和再生，体会新型城市形态和原有城市肌理在碰撞中前行的方式。在原有的城市格局中利用现存的物理架构来挖掘区域的城市文脉，也是建筑师塑造全新的建筑架构和建筑功用的方式。宝山铁路文化公园是近期比较有趣的概念性规划，我们希望挖掘一些城市特有的文化来形成与城市的对接。在上海宝山区有这样一个货运支线铁路保存良好的区域，用这个特征来保持城市的记忆，利用工业遗存的角度试图表达空间在时间上的转换。

3）技术飞跃

不管是过去还是未来，建筑师的责任总是包括在创造的基础上控制成本，项目建筑师的出现则合乎时宜。项目建筑师的工作从前期策划开始介入，贯穿中期设计、管理乃至后期施工等项目全过程。在协同设计平台上，项目建筑师和建筑师密切合作，保证后者能够把更多的时间放在设计方案上，并提高设计方案的竞争力，建筑师和业主之间的消息能够得到快速反馈，继而高效完成建筑项目。另一方面，作为未来建筑行业的重要组成部分，"BIM前置"的设计手法则以智能化设计为主，改变了原来BIM的介入时间和介入方式，通过电脑产生的最佳方案做进一步的筛选和优化，大大提升了设计与施工的匹配度，也更好地保证了项目的顺利进行和最终效果。

　　移动互联网的产生和发展离不开以下几种思维：用户思维、简约思维、极致思维、迭代思维、流量思维、社会化思维，大数据思维、跨界思维和平台思维。互联网对传统企业的影响，逐步从传播渠道层面过渡到供应价值链，从把互联网作为工具，到以互联网思维设计产品。从管理视角上来说，这是未来的必然趋势。从项目角度，互联网时代将面对虚拟世界对实体世界的冲击，包括电商世界来临对建筑空间的改变，我们大量面对商业空间如何回应时代，常规商业如何向体验化的商业的环境过渡的问题；传统的技术手段，单纯的独立设计已经体现出很大的局限性，大数据大背景，也呼唤着在平台上的技术沟通和联合。

4. 结语

　　新常态、互联网＋，这些都呼唤着行业的集体转变。大小建筑希望在城市复兴的专业化方向上继续实践，也将联盟视作为一个平台的延展，在新常态下体现自身的技术性和广泛性。

作者单位：上海大小建筑设计事务所有限公司
作者简介：李瑶，男，主持建筑师

当代中国建筑设计机构及其作品（2012—2015）

Contemporary Chinese Architectural Design Institutes and their Works (2012—2015)

加拿大考斯顿设计/上海考斯顿建筑规划设计咨询有限公司

上海中房建筑设计有限公司　　中联筑境建筑设计有限公司

加拿大CPC建筑设计顾问有限公司　　GOA 大象设计

TONTSEN方大设计集团　　中船第九设计研究院工程有限公司

上海市园林设计院有限公司　　上海建筑设计研究院有限公司

汉嘉设计集团股份有限公司　　gad 杰地设计集团有限公司

上海江南建筑设计院有限公司　　浙江南方建筑设计有限公司

上海同济城市规划设计研究院　　浙江省建筑设计研究院

华东建筑设计研究总院 同济大学建筑设计研究院（集团）有限公司

王孝雄建筑设计院　　原构国际设计顾问　　上海大小建筑设计

事务所有限公司　　加拿大考斯顿设计/上海考斯顿建筑规划

设计咨询有限公司　　上海中房建筑设计有限公司　　中联筑

境建筑设计有限公司　　加拿大CPC建筑设计顾问有限公司

GOA 大象设计　　TONTSEN方大设计集团　　中船第九设

计研究院工程有限公司　　上海市园林设计院有限公司

上海建筑设计研究院有限公司　　汉嘉设计集团股份有限公司

gad 杰地设计集团有限公司　　上海江南建筑设计院有限公司

浙江南方建筑设计有限公司　　上海同济城市规划设计研究院

浙江省建筑设计研究院　　　　华东建筑设计研究总院

加拿大考斯顿设计
上海考斯顿建筑规划设计咨询有限公司
COBBLESTONE DESIGN CANADA
COBBLESTONE URBANISTS + ARCHITECTS WORKSHOP SHANGHAI

今天，信息技术日新月异并影响着人类环境的各个方面。作为营建人造景观的建筑及其相关领域毫无疑问地应当有所回应。考斯顿以城市主义为价值导则，以对城市生活和事件地深刻关注为设计起点去完成规划、城市设计、建筑和景观的综合解答。以合伙人事务所模式为运营框架；以城市专家、建筑师、景观建筑师和研究人员为研发设计组合的考斯顿团队致力于在信息化多元化的今天，提供超越图纸空间的全方位的设计服务，对前期市场研发产品定位、中期产品设计、后期适时应对市场变化的动态调整，孜孜不倦地寻求设计的依据和价值，并努力平衡人的需求和所有的外部压力。考斯顿重实效、敏锐、多元化、创造性和多选择的设计服务，对文化和生态环境的关注，将使其持续关注当代的人文景观。

主要关注：当代性；经典和地方风格；文化和欢愉。

Nowadays, information and technology are changing with each passing day and impacting every aspect of the human environment. As an artificial scene, architecture associated with other design disciplinary should undoubtedly respond to this change. Cobblestone comprehensively meets the issues of planning, urban design, architecture and landscape with clearly understanding for urban life and urban events. The Cobblestone team combined with urbanists, architects, landscape architects and analysts will be devoted to providing overall services beyond the limited paper space, which are pre-design study, project design, and post-design revision. We mediate between human needs and all external forces to create a balance. The pragmatic, sensitive, plural, innovative and optional design service and our concerns on the culture and environment would keep contributing to the contemporary human landscape.

Concentrated in: 1.Compemporary; 2.Classic & Vernacular; 3.Culture & Pleasure.

比对郊区化和城市化

　　美国 19 世纪 50 年代的郊区化（Suburbanization）和中国近来提出的城市化（Urbanization），都是工业文明进程中近现代城市的独特城市生态。发生在经济基础和人文环境完全不同的国度里，对两者的背景、概念和目标进行比对具有启迪性。

　　19 世纪中叶前的美国人开始信仰新农村主义（New Agrarianism），工业化过程中的城市拥挤不堪，犯罪率高，人们失去了与自然的联系，更愿意去乡村居住和工作。当时社会生态展现了强大的 反城市文化（Anti-Urbanism）倾向，乡村悠闲的生活方式成为一种时髦的追求。19 世纪晚期，工业文明发展逐渐成熟，许多农村家庭为了孩子有更好的教育和工作机会，又回到城市。因而 19 世纪中叶之后美国的城市人口又出现快速增加。这种摇摆于城市和乡村价值之间的双重价值成为 19 世纪美国人典型的思想和文化。"我渴望乡村的自然和浪漫，也渴望城市的设施和光鲜。"这是当时典型的想法。

　　而这种双重性和二分法在 20 世纪初得到了均衡。美国的乡村"城市化"源于战后高速公路系统的长足发展。战后大城市的人口过度密集、城市居住和办公成本非常昂贵。高速公路使得人群向郊区迁移成为可能。同时因为交通网络的发展，使郊区与城市间的功能差异得到弥补。这些位于大城市之间，或沿着高速公路网散落在郊区的卫星城镇、办公园区、大型社区，提供了大城市的通常功能和交通的可达性，满足了人们一般的居住、交流、教育、消费和工作需求，同时广阔的自然景观和生态环境为人们提供了足够的伸展空间。战后的郊区城市化现象，伴随着新城市主义（New Urbanism）理论的实践，对当代城市的可持续性发展具有里程碑式的意义。

　　美国作家乔治·威廉·柯蒂斯（George William Curtis）指出："最美好的生活就是乡村和城市的结合。"（The Pleasantest life is the union of the two（country and city））这是对这一城市生态和生活方式最单纯的描述。

　　美国的郊区化使得乡村与城市功能更接近，使美国的城镇化比例高达 80%，在乡村生活的人群享受了城市的服务。

　　中国的城市化率已达 51%，未来希望达到 70%，这只是户籍的统计。中国的城镇化绝非增加城镇户口，或减少农业人口，或提高消费人口，或城市向特大城市扩张，或以房地产化的大开发为表象。任何盲目扩张、迁移或表象的开发都隐含主体城市功能的高压风险和社会秩序的失调风险。

卞祖珉　加拿大马尼托巴大学专业城市规划专业硕士
　　　　首席规划师、行政总监

刘廷杰　加拿大马尼托巴大学专业建筑硕士
　　　　加拿大皇家建筑学会会士
　　　　中国注册建筑师、高级建筑师
　　　　设计总监

地址 (Add): 上海市欧阳路 681 弄 3 号 2F
邮编 (Zip): 200081
电话 (Tel): 86-21-65073135 65078631
传真 (Fax): 86-21-65073135-8008
Email: cornerstone@online.sh.cn
Website: www.cobblestone-caud.com

中国的新农村建设尚无法形成新农村主义 (New Agrarianism) 式的感召力和价值风尚，而城镇化的迁移、扩张、发展也还面临理论的摸索和实践的检验。中国的城镇化和新农村建设似乎尚不同于美国 19 世纪后的双重价值梦想和文化。中国的城市化核心议题有两个：一是建立更强大的全覆盖交通网络，让更多的乡村和村镇交通方便抵达；二是逐步使既有乡镇享有与城市同等的医疗、教育、就业、消费、养老、居住机会，实现既有乡镇的城市化。交通可抵达使得城乡双向迁移和物流都便利、因而城乡的差距会缩小。既有乡镇的城市化使得既有乡镇具备一般城市的职能和功能、焕发村镇的活力和魅力，因而城乡的差距也会缩小。

当城乡的差距缩小、农村乡镇城市化程度提高时，中国的城市生态会出现大城市人群向中小村镇迁移的新农村主义倾向（不仅仅短暂享受它的自然、人文，而是迁移），大城市扩张的风险和压力降低，农村村镇高度城市化使得广袤的农村村镇发展稳定、人口稳定，焕发独特的活力。

中国的城市化从近阶段来看是单向、一分结构的：即通过抱团与大城市接近，改变耕地性质、降低农村人口、促进村镇城市化发展。从长远来看，中国的城镇化将是双向的、二分结构的：即在乡镇城市化的同时，大城市在反城市扩张下城市人口同步向村镇迁移。

中国的城镇化和新农村建设与美国的郊区城市化，在激发乡镇活力、缩小城乡差异、阻止城市过度扩张等目标上是一致的。当然这一目标的诉求受到工业化程度的限制，也受制于文化的不同。美国人虽然也有大城市中心倾向，但崇尚乡村生活（rural life）和美妙自然是一种传统的价值观。中国的乡村人文和自然资源丰富地形地貌却多变，长期的农耕社会使得乡村的工业文明滞后，走出乡村去城市生活是一种传统的价值观。

从美国的人口规模、土地规模和城市化的演变来看，它无疑值得中国比对和借鉴。最美好的生活就是乡村和城市的结合，也适用于未来的中国。

1. 4 号楼全景
2. 4 号楼建筑形态
3. 4 号楼建筑细部
4. 4 号楼外景
5. 城市肌理

永登路商务广场
项目地点：上海市
项目功能：2.5 产业、商务、商业
建筑规模：38 000m²
设计／建成：2009/2012 年

作品简介
挣扎的诗性，产业用地开发在产业地段更新中的困惑和探求。

创想

项目地点：上海市

项目功能：2.5产业、商务、商业

建筑规模：19 670m²

设计/建成：2009/2012年

作品简介

工艺美学＋形式启发功能，产业用地升级中形式对功能的启发探讨。

1. 建筑细部（B3）
2. 建筑形态（结构分解）
3. 沿街局部
4. 建筑细部（B2）
5. 建筑细部（B1）

北京首兴永安大修改造

项目地点：北京市
项目功能：商业、艺术展示和创作、餐饮酒吧
建筑规模：10 000m²
设计 / 建成：2014/2015 年

作品简介
既有产业空间的更新和激活。

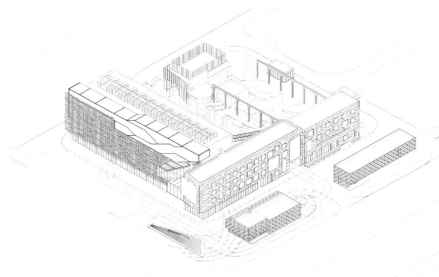

1. 外观全景
2. 鸟瞰图
3~5. 现场实景
6. 模型分解

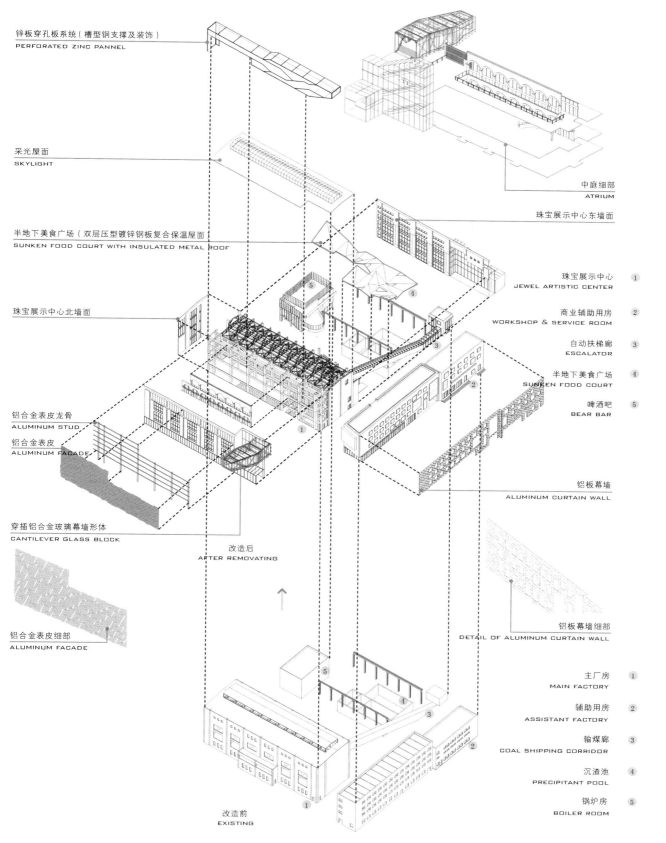

锌板穿孔板系统（槽型钢支撑及装饰）
PERFORATED ZINC PANNEL

采光屋面
SKYLIGHT

半地下美食广场（双层压型镀锌钢板复合保温屋面）
SUNKEN FOOD COURT WITH INSULATED METAL ROOF

珠宝展示中心北墙面

铝合金表皮龙骨
ALUMINUM STUD

铝合金表皮
ALUMINUM FACADE

穿插铝合金玻璃幕墙形体
CANTILEVER GLASS BLOCK

铝合金表皮细部
ALUMINUM FACADE

中庭细部
ATRIUM

珠宝展示中心东墙面

珠宝展示中心　①
JEWEL ARTISTIC CENTER

商业辅助用房　②
WORKSHOP & SERVICE ROOM

自动扶梯廊　③
ESCALATOR

半地下美食广场　④
SUNKEN FOOD COURT

啤酒吧　⑤
BEAR BAR

铝板幕墙
ALUMINUM CURTAIN WALL

铝板幕墙细部
DETAIL OF ALUMINUM CURTAIN WALL

改造后
AFTER REMOVATING

改造前
EXISTING

主厂房　①
MAIN FACTORY

辅助用房　②
ASSISTANT FACTORY

输煤廊　③
COAL SHIPPING CORRIDOR

沉渣池　④
PRECIPITANT POOL

锅炉房　⑤
BOILER ROOM

三水湾二期评书评话博物馆

项目地点：江苏省泰州市
项目功能：评书、评话博物馆
建筑规模：2 237m²
设计 / 建成：2013/2015 年

作品简介
中国传统合院建筑当代公用化探求。

1. 三水湾整体鸟瞰图
2~5. 庭院景观
6. 入口广场

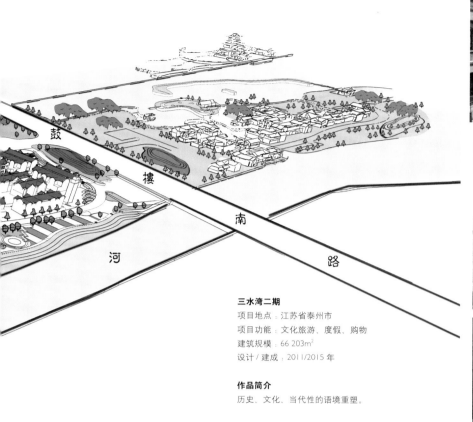

鼓楼南路

河

三水湾二期

项目地点：江苏省泰州市
项目功能：文化旅游、度假、购物
建筑规模：66 203m²
设计 / 建成：2011/2015 年

作品简介

历史、文化、当代性的语境重塑。

1~3. 现场实景
4. 白描街景

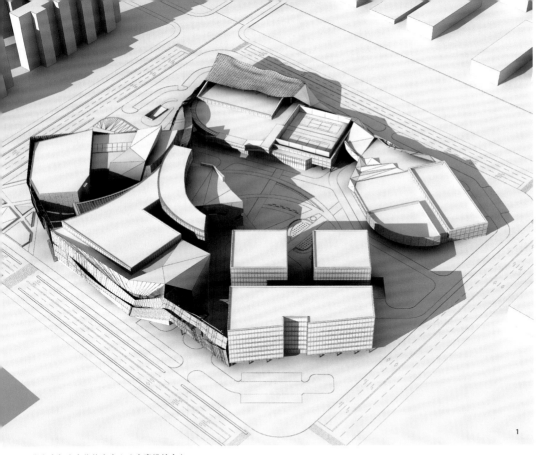

1. 鸟瞰
2.3. 剖面图

北京庞各庄文化体育中心（方案设计中）
项目地点：北京市
项目功能：体育娱乐、娱乐服务
建筑规模：110 000m²
设计时间：2013 年

作品简介
包容、欢愉、交融、延伸的文体中心。

2

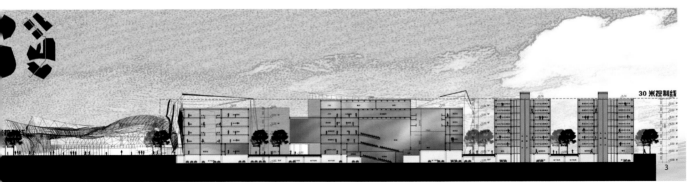

3

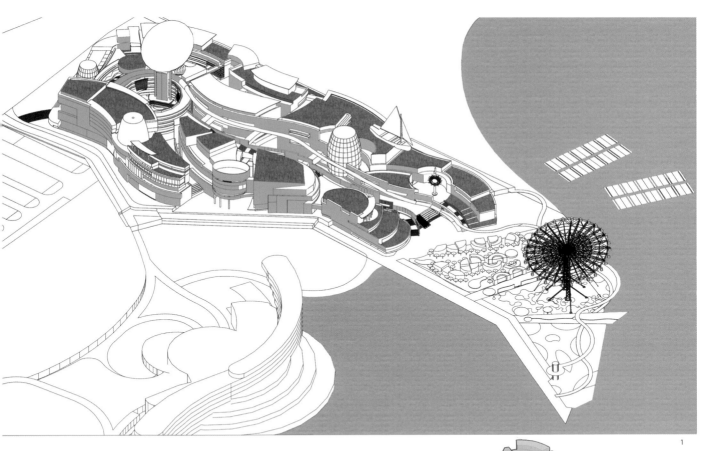

北海冠岭商业配套项目

项目地点：广西壮族自治区北海市

项目功能：购物中心、度假

建筑规模：150 000m²

占地面积：54 524.93m²

设计时间：2013 年

作品简介

欢乐海滩购物公园。

1. 轴侧图
2. 鸟瞰
3~5. 功能分区图

特色商品街
特色精品酒店
婚庆策划
婚纱摄影
商业美食街
体育运动休闲商业

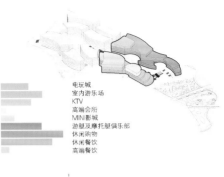

电玩城
室内游乐场
KTV
高端会所
MINI影城
游艇及摩托艇俱乐部
休闲购物
休闲餐饮
高端餐饮

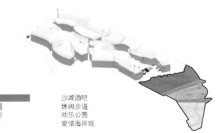

沙滩酒吧
休闲漫步道
欢乐公园
爱情海岸线

马驹桥口岸综合配套商务园

项目地点：北京市

项目功能：海关国检办公、电商总部

建筑规模：120 000m²

设计 / 建成：2012 年 / 在建

新江湾城三湘未来海岸〔右页〕

项目地点：上海市

项目功能：公寓、办公、零售

建筑规模：63 000m²

设计 / 建成：2009/2012 年

作品简介

4.5m 的独特层高、阶梯几何形态和精密的立面系统阐述了技术美学的理性，也使阶梯面向核心城市景观以获取更强的视觉和身心愉悦。

7

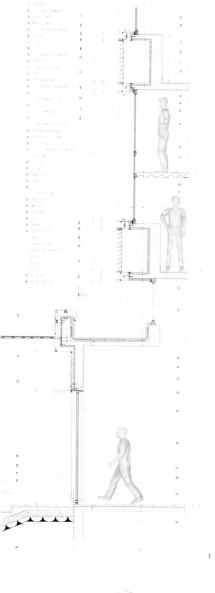

1. 墙身节点详图
2.3. 建筑细部
4.5. 建筑局部
6. 功能形态图
7. 沿街立面

上海中房建筑设计有限公司
SHZF ARCHITECTURAL DESIGN CO., LTD.

上海中房建筑设计有限公司创建于 1979 年，是上海建筑界有影响的甲级综合性设计公司，主要业务包括城市规划、建筑设计、室内设计和景观设计。公司采用由主要管理、技术骨干持股的股份制运作模式，依托近 300 名各学科专业人才的团队协作，在为客户提供多层面技术服务的同时，努力创作富于建筑理想及专业精神的作品。

公司作为精品建筑全程控制设计的实践者，积极尝试从项目策划、建筑设计、室内设计、景观设计、项目管理和施工监造等各个环节对项目营建的全程提供设计控制和服务支持，并建立起广泛的国际、国内技术协作网络，倾心为客户和社会奉献符合专业标准的建筑作品。

Founded in 1979, SHZF Architectural Design is a Class A comprehensive design firm that has great influence in architectural industry in Shanghai. Its business scope covers urban planning, architectural design, interior design and landscape design. Running on a share-holding basis, the company employs over 200 professionals from various fields. Attaching great importance to the building of consciousness for the best and brand strategy, the company attempts to provide whole process design and deliver one-stop solutions for all aspects from project management to construction supervision. In addition, the company is dedicated to build an extensive network for international and domestic collaborations. Currently, the company is committed to improving the level of the ecological and energy-saving technologies in architectural design, which has resulted in dozens of new ecological and energy-saving technologies that have been put into use. A number of ecological projects such as "Suzhou Archi-Garden Hotel" have achieved a significant social and economic performance.

中房建筑的设计哲学

当下中国的城市化进程正以史无前例的规模和速度从沿海向内地、从一线城市向二三线城市推进，建筑设计界也经历了千载难逢的历史机遇。但回顾近几年的行业发展过程，平心而论，我们的发展更多是在量，而不是质。建筑师追随着长官意志和开发商的指挥棒，设计机构竞争着公司规模和产值增长率，建筑设计行业越来越像我们的制造业，不断地生产和复制着各种类型化的产品，比拼的也仅仅是如何将类型化产品设计得更有"品质"、设计周期如何压缩得更短、设计收费如何降得更低。与此同时，国内外重要建筑舞台依然鲜有中国建筑师的身影，世界规模的建筑实践没有造就世界级的建筑师和设计机构，中国建筑设计界的发展似乎偏离了方向。作为建筑师有必要重新思考自己的职业生涯，作为设计机构有必要再次审视自己的设计哲学。

中房建筑在市场的激烈竞争中，求索并实践着精品设计的道路。在精品完成度的实现中，求索并推进着整体设计和全过程控制的方法；在建筑思潮和表现形式多元化的背景下，求索并倡导着适合团队发展又符合表现建筑内涵和艺术发展方向的创作理念。

1. 秉承现代理性——中房建筑的创作风格

数十年的演进伴随着数十年的争论，"风格"成了慎谈的话题，但它又确实地存在着，存在于现实与意识之中。我们不主张沿袭过时的功能主义和反对一切装饰、趋于净化审美观的现代建筑学派及由此衍生的各种相关流派；我们也不主张在当今"类型化"建筑风格盛行中跟风逐流。

中房建筑提倡在创作中以现代理性的观念处理和协调建筑功能、形式，以及与其相关的各种矛盾和关系，并以不同的现代手法表达各类建筑的内涵，创造出协调城市、符合民俗、亲切宜人并充满时代精神的现代建筑风格。

2. 彰显地域特征——中房建筑的创作源泉

从南到北建筑形式的雷同多数受制于商业开发的要求及对创作的执着和能力，但对地域环境的忽视也是重要因素之一。

地域特征可概括为三个基本要素：一是人文环境要素，即地域的历史文脉、经济文化及由此产生的地方习俗；二是自然环境要素，即基地及周边的地形地貌、山川林木和气候条件；三是生活环境要素，即基地的道路交通、医疗教育、商业服务

丁明渊　　董事长
盛　磊　　总经理
欧阳康　　顾问、教授级高工
张继红　　总建筑师
丁晓医　　副总建筑师
姜秀清　　顾问副总建筑师、教授级高工
徐文炜　　总工程师
包海泠　　总建筑师助理、建筑一所所长
黄　涛　　建筑二所所长
龚革非　　建筑三所所长
陆　臻　　总建筑师助理、建筑四所所长

地址 (Add): 上海市中华路 1600 号黄浦中心 19 楼
邮编 (Zip): 200010
电话 (Tel): 86-21-63855600 / 63777780
传真 (Fax): 86-21-63188563 / 63770575
Email: admin@shzf.com.cn
Website: www.SHZF.com.cn

等状况。

中房建筑提倡从"人文环境要素"中以现代的创作观念、手法和科学技术来链接历史与未来，在传承文脉与文化的同时体现时代精神和现代生活的需求；从"自然环境要素"中体现人、建筑与自然和谐共生的现代思想和理念，并在与天地呼应中寻求创作的灵感；从"生活环境要素"中找到合理安排功能的依据和适应、引导现代生活的方法。只有这样，我们才能不被各种形式所左右，建筑的创作才能寻求到真正的源泉。

3. 尊重历史环境——中房建筑的文脉观

尊重历史是现代理性创作观的主要表现之一。在大拆大建的城市化进程中，中房建筑非常希望能为历史建筑的保护和城市文脉的延续做出努力。我们在苏州平江路历史保护街区租借了一栋破旧老宅进行详尽的、原真性的调查和勘测，还原其历史变迁过程和文化底蕴。以保护为主，改造成了"筑园会馆"，成为有志建筑师的聚会场所和弘扬建筑历史的窗口。

中房建筑还提倡和实践对有价值的原有建筑进行保留、改造并赋予新的功能。这与拆除重建相比，不仅有利于节能环保，

体现可持续发展的观念，同时还能产生人们的怀旧情结和文化认同的人文需求，使城市文脉和文化得到传承。

4. 关注生态节能——中房建筑的社会责任

"生态"是世界共同的命题，也是中房建筑的历史责任。我们遵从节地与合理布局的生态原则，同时关注对自然山水、林木湿地等自然环境的尊重、保护和利用；我们遵从建筑物自身节能、环保的理念，同时关注对各种成熟技术的应用以及与建筑的完美结合，这就是中房建筑的现代生态观。

我们不主张为求新而跟风，也不赞同片面追求环境的舒适而导致经济或能源过度的消耗。我们倡导根据国情和地区不同的经济、自然状况和生活习俗，合理选择成熟技术和逐步推进的环保观念。

中房建筑当前的目标是：尽快寻求机会将现有的成熟技术、产品和材料，在自己设计的工程中与相关的科研单位和生产厂家一起进行系统的实践，以更好了解和熟悉这些技术的性能特点、成本与运营价格、投入与能效关系，并积累绿色建筑整体设计的合作经验。

万科郡西别墅

项目地点：浙江省杭州市
项目功能：别墅
建筑规模：110 000m²
设计 / 建成：2010 / 2014 年

作品简介

单体采用合院联排住宅的形式，立面造型采用四坡屋顶，通过具有符号性的独特节点细部，营造一种粗野中不乏精致、乡土中又不乏诗意的居住建筑意境。

1. 内景

2. 内景局部

3. 阳台外景

万科随园嘉树
项目地点：浙江省杭州市
项目功能：养老公寓
建筑规模：70 000m²
设计 / 建成：2013 / 2015 年

作品简介
设计充分考虑老年公寓功能方面的独特要求，着眼
于体现高端老年公寓"洗净浮华，返朴归真"的品
质追求。建筑利用山地地形，采用中庭院落、廊道、
广场、坡道等多种手法，形成丰富灵动的空间效果。

1. 会所
2. 社区组团

国信世纪海景
项目地点：上海市
项目功能：高层、公寓式办公
建筑规模：100 000m²
设计 / 建成：2011 / 2014 年

作品简介
三幢高层建筑垂直于江面布置，以获得城市空间最大的通透性，并以规整简洁的形体、精致的立面，以期成为高耸的沿江景观。

1. 沿浦明路实景
2. 沿浦江路实景

新浦江122-4办公楼
项目地点：上海市
项目功能：办公
建筑规模：80 000m²
设计／建成：2012／2014 年

作品简介
项目位于新浦江城品牌中心北侧，模块化的规划模式使建筑整体更具理性，单幢建筑采用"U"形或"回"字形的平面布局，整体风格大气内敛，又不失现代感与精致感。

1.2. 办公楼群体
3. "U" 形屋顶花园
4. 办公楼室内

中凯城市之光

项目地点：上海市
项目功能：办公、住宅
建筑规模：150 000m²
设计 / 建成：2010 / 2014 年

作品简介

总体布局基于年年有"鱼"的吉祥含意，以鱼形的景观水系串联各幢建筑。建筑随鱼形而弯曲，空间随弯曲而变化，形成了收放有序、高低错落、富有个性的城市景观。

1. 办公楼沿街实景
2. 小区中心实景
3. 样板房阳台
4. 小区群体实景
5. 样板房

SOHO世纪广场

项目地点：上海市

项目功能：办公

建筑规模：60 000m²

建成时间：2011 年

作品简介

设计讲究简洁高效的功能配置，合理便捷的交通组织，极简精确的形体关系，与周边环境相协调。现代科技手段的运用、纯净精致的形体与细部设计使其成为标志性建筑。

1.2. 办公楼沿街实景

3. 建筑夜景

4. 办公楼入口

明园森林都市

项目地点：上海市
项目功能：别墅、展览
建筑规模：50 000m²
设计/建成：2005/2014 年

作品简介
项目原址为大型国有企业，设计秉承尊重历史、延续城市文脉的设计理念，规划在尽可能保留原有树木的前提下排布建筑；传承四合院居住文化理念，围合式院落错落有致。

1. 沿街外景
2. 建筑局部
3. 建筑外景
4. 室内实景

新浦江城122-15商办项目（图1~图3）

项目地点：上海市

项目功能：酒店式公寓

建筑规模：153 000m²

设计时间：2015 年

三亚丹洲小区（图4~图6）

项目地点：海南省三亚市

项目功能：住宅、酒店式公寓

建筑规模：370 000m²

建成时间：2010 年

临港新城公建（图1～图3）

项目地点：上海市

项目功能：商业

建筑规模：40 000m²

设计时间：2014 年

中锐金山龙湾华庭（图4～图6）

项目地点：上海市

项目功能：商业

建筑规模：50 000m²

设计时间：2014 年

中联筑境建筑设计有限公司
CHINA UNITED ZHUJING Architecture Design Co.,Ltd.

中联筑境建筑设计有限公司是由中国工程院院士、全国建筑设计大师程泰宁先生主持，建设部特批，具有建筑行业建筑工程甲级资质的设计机构。公司成立于2003年，并于2005年通过ISO9000质量管理体系认证。公司总部位于杭州，并在上海、南京和成都设有分支机构，拥有高效的组织建制和强大的人才储备。团队骨干技术力量实力雄厚，其中包括1名中国工程院院士、4名教授级高级工程师、30名高级工程师（含一级注册建筑师和一级注册工程师）、25名工程师，8名博士和15名硕士。

筑境建筑团队成员曾经主导设计了多项优秀的建筑作品，包括浙江美术馆、杭州黄龙饭店、加纳国家剧院、马里会议大厦、杭州铁路新客站、联合国小水电中心、南京博物院二期项目、中国海盐博物馆、龙泉青瓷博物馆、建川俘房馆、杭州国际假日酒店等项目，并曾多次获得国家、省、市颁发的奖项。

CCTN is a design institution led by Mr. Cheng Taining, an academician of Chinese Academy of Engineering and nationally renowned master of architectural design. It has class-A qualification for construction engineering in the construction industry, and was established upon special approval by Ministry of Construction of the People's Republic of China.

CCTN was incorporated in 2003 and passed ISO9000 Quality Management System Certification in 2005. The company is headquartered in Hangzhou and has affiliates in Shanghai, Nanjing and Chengdu. CCTN has an efficient organization with powerful reserve of talents. The backbone technology forces of the team include: one academician from Chinese Academy of Engineering, four professor-level engineers with senior titles, more than 30 first-grade registered architects, first-grade registered engineers and senior engineers, 25 medium-grade engineers, eight doctors and 15 masters.

The members of CCTN have performed as chief designers in many national, provincial and municipal award-winning architectural works, including Zhejiang Art Museum, the Dragon Hotel of Hangzhou, National Theater of Ghana, Mali Parliament Building, New Hangzhou Railway Station, UN International Center on SHP, Phase II Project of Nanjing Museum, China Haiyan Museum, Longquan Celadon Museum, Jianchuan Captive Museum, Holiday Inn Hangzhou and so on.

宁可观心、静以致远——诚实建构有文化自觉的中国城市建筑

1. 宁可观心，建构文化自信

当下的中国，价值取向同质化、西方化蔓延成为集体无意识现象，这源于西方强势文化的影响，中国文化仍未建构新的自我评价体系。由面及点，建筑创作中以"西方之新为新"也已成为一种潜移默化的惯性思维。中国创作的现状是社会现状的缩影，中国建筑创作的未来成就也将取决于中国社会的经济发展和文化崛起的高度。

价值判断同质化、西方化与对中国文化缺乏自觉自信是一个硬币的两个面。筑境认为，建筑师对中西文化的历史、现在和未来的发展必须首先独立思考，并在此基础上建构自己的历史、文化观，这对于当下的创作具有十分重要的意义。

在中国浩荡悠长的文化发展过程中，产生了众多极为丰富、极具活力的哲学思想，至今仍闪现着智慧的火花，给全世界的科技文艺创新以重要启迪。客观正视历史，拥有足够的文化自信，是汲取这些先贤睿智的基石。

2. 静以致远，发展文化自觉

西方现代建筑是一个相互矛盾的多元化综合体，有益的经验和思想常常包含在观念似乎完全相反的流派之中。因此，把一个时期、一个流派看成是西方建筑全部，既不符合事实，也对创作有害。应该从整体来吸收。学习西方现代建筑在形式上的创新精神，更要学习其重视理性分析的传统，这对建构有中国特色的建筑理论体系至关重要。

另外，最近几十年以来，西方文化逐渐出现了一种从追求本原转而追求图像化的倾向。在这种社会背景下，反理性思潮盛行，对艺术品的视觉惊奇性追求甚至远远优先于其本真思考。表现在建筑创作领域，就体现为对于夸张形式的追求优先于严谨逻辑分析、文脉尊重和文化思索。

在筑境的建筑观中，建筑不是一个纯艺术，其创作只有从建筑本体出发，才不至于失去它创作的魅力和价值。"可意会不可言说"的东方审美特质固然有较难形成方法论带来的运用困难，但真正掌握了其通感的思考窍门，就有可能达到"心骛八极、神游万仞"的境界，进入精神层面"逍遥游"的创作境界。

程泰宁　中国工程院院士、中国建筑设计大师
　　　　教授级高级工程师、国家一级注册建筑师
胡　新　总经理
　　　　高级工程师
　　　　浙江民建企业家协会理事
王幼芬　首席总建筑师
　　　　研究员级高级工程师
周旭宏　总建筑师、上海院院长
　　　　高级工程师
　　　　国家一级注册建筑师
薄宏涛　副总建筑师、上海院副院长
　　　　高级工程师
　　　　国家一级注册建筑师
陈忠麟　总工程师、教授级高级工程师
　　　　国家一级注册结构师

中联筑境建筑设计有限公司（杭州）
地址 (Add): 浙江省杭州市文晖路 303 号交通大厦 11 楼
邮编 (Zip): 310014
电话 (Tel): 86-571-85301322
传真 (Fax): 86-571-85390622
Email: hz@acctn.com
Website: www.acctn.com

中联筑境建筑设计有限公司（上海）
地址 (Add): 上海市四平路 1398 号同济联合广场 B 座 19 楼
邮编 (Zip): 20092
电话 (Tel): 86-21-33626550 / 33626620
传真 (Fax): 86-21-33626553 / 33626650
Email: sh1@acctn.com / sh@acctn.com
Website: www.acctn.com

以平和的心态对抗当下浮躁的社会环境，筑境正以严谨的态度脚踏实地走中国建筑师自己的道路。

3. 诚而溯源，建构城市建筑

基于建立在文化自信基础上的文化自觉性，筑境提出"立足此时、立足此地、立足自己"的理念，这意味着团队在关注中国飞速发展的技术对策的同时，更关注如何以真诚、严谨而充满激情的设计创作去解决"当代性、地域性和文化原创性"的问题。筑境坚信，诚恳而自信的文化坚守和创作求索，应该会是解决当下中国城市问题的正确途径。

城市作为集体记忆的所在地，它交织着历史和个人的记录，当记忆被某些城市片断所触发，过去所遇到的经历就会与个人的记忆一起呈现出来。

激起人们的思绪，就要靠这些承载着城市集体记忆的空间载体来唤醒人们心底对城市生活的真实记忆。这样的唤醒不是依赖空洞的说教或苍白的口号，而是依赖提供一种真正意义的人性化尺度的城市空间及发生在这样场所中的城市生活。

必须指出的是，相对于西方的城市空间与建筑单体间相对清晰的主客体关系，中国的城市和建筑的关系则显得微妙许多：中国城市是放大了的建筑，而中国建筑则是具体而微的城市。这样的个体和群体间相互胶着、难辨彼此的情形正是基于蕴含在中国建筑中特有的主客体可逆的道家哲学思想。

中国式的"城市、建筑"的同构性原则，意味着每一个中国的建筑师有能力以建筑的方式影响甚至改变城市，而这样的设计实践策略也正是文化自觉背景下看待中国城市的积极视角。寻求建筑本真的内涵，创造空间气质的多样性，关注建筑对人性的真正关怀，筑境通过对每一个建筑单体、每一条城市街道、每一组城市街坊的精心设计来提升其空间品质。通过提升建筑这一"具体而微"的"城市"品质，从而最终以"都市针灸"概念由点及面，真正逐步改善城市空间的品质。

在建筑实践中，筑境不断践行着自己的设计理念，自觉以专业知识分子的视角、严谨的态度、虔诚的心态做出自身对于中国城市的建筑解答。

浮华之上，守望建筑静谧的永恒，这是筑境的设计之道。

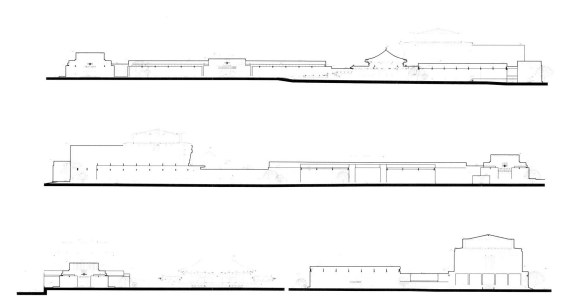

1. 建筑外观
2. 立面图
3. 从建筑室内向外看
4. 室内实景

南京博物院二期工程

项目地点：江苏省南京市
项目功能：展览
建筑规模：84 655m²
设计 / 建成：2008 / 2013 年

作品简介

南京博物院位于中山门内西北侧，其前身系蔡元培等人于 1933 年创建的国立中央博物院筹备处。因抗战爆发，当初规划的自然、人文、艺术三馆仅建成人文馆（历史馆），由梁思成先生设计，后在 1999 年新建了艺术馆。随着时代进步，原有展馆已无法适应现代博物馆展陈要求，因此南京博物院二期工程立项。二期工程要求对整个院域范围内所有建筑、设施、道路、环境进行整体规划设计。对历史馆仿辽式大殿按文物保护原则进行修缮，对文物库房拆除重建，艺术馆的立面进行改造，同时新建特展馆、民国馆、非遗馆及数字化博物馆，在此基础上还要整合文物库房、科研与武警综合楼以及停车设备机房等功能。

厦门悦海湾酒店

项目地点：福建省厦门市

项目功能：酒店

建筑规模：90 635m²

设计时间：2012 年

作品简介

塔楼采用单廊板式的结构，客房全部朝向海面，获得最大的城市展示面和一线海景。在裙房部分，采用将塔楼局部架空的做法来实现屋顶绿化朝向海面的视线通透性，同时结合裙房四层的泳池等休闲空间营造出的惬意的景观空间。塔楼的顶部采用逐层退台的形式，结合独特的屋顶景观资源，打造一系列富有特色的高档海景客房。

1. 建筑外景
2. 鸟瞰图

山西大学多功能图书馆

项目地点：山西省太原市
项目功能：图书馆
建筑规模：35 038m²
设计/建成：2009/2011 年

作品简介

建筑主体设计采用新古典主义的建筑手法，传承山大百年历史，呼应山大"中西会通、求真至善、登崇俊良、自强报国"的文化传统。

主体材料采用面砖，以暗红色为主，延续整个山西大学的色彩风格，同时也应和学校建筑朴实的特质。建筑基座部分采用石材处理，体现建筑的厚重感和学校深厚的文化底蕴。建筑造型庄重典雅，光影变化丰富，强调立面的韵律，以严谨对称的构图手法突出了学校图书馆的重要地位。

建筑主入口加入了高达24m的山西大学堂107年历史教学主楼局部作为建筑符号，在保留原建筑比例尺度等精华的基础上精心设计，该塔既是图书馆建筑的一部分，也是南校区的建筑标志之一。

1. 建筑外景
2. 建筑侧立面
3. 门厅内景

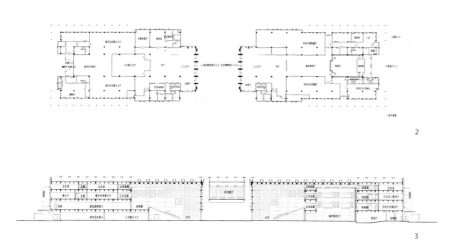

2

3

4

东台市展示馆（行政办事中心）

项目地点：江苏省东台市

项目功能：展览

建筑规模：15 000m²

设计 / 建成：2009/2011 年

作品简介

项目位于东台市市民广场南侧，由城市规划馆和文博馆两个部分组成。由于该项目是广场南部唯一的建筑，因此，如何通过设计建立广场南部完整的建筑界面、如何在此基础上建立城市与广场在空间上的联系、如何通过大尺度的环境空间逐渐过渡到建筑内部展示空间等，都是设计需要解决的问题。

最终展示馆通过"一字开"的简洁形式，由中部开设高敞的通透空间联系城市与广场，并由此组织两馆的主入口，同时也建立了该高敞空间与两馆公共空间的有机联系。此外设计结合内部空间，于外表皮设计了具有窗棂意象的格构，它们既遮挡了夏季直射的阳光，也为市民广场营造了一种亲切宜人的整体氛围。

1. 建筑入口
2. 平面图
3. 剖面图
4. 立面图
5. 建筑夜景
6. 侧立面

华师大科技园办公楼（图1，图2）

项目地点：上海市

项目功能：办公

建筑规模：50 000m²

设计/建成：2008/2014年

作品简介

建筑立面简洁大气，立面划分讲究虚实对比，在统一中寻求变化，将玻璃，铝板，花岗岩等材质有机结合在一起，表现出富有时代感的现代办公建筑的特征。

杉杉集团办公楼（图3）

项目地点：上海市

项目功能：办公

建筑规模：51 831m²

设计时间：2013年

作品简介

设计以"海上花"的形体意象，来回应城市，凸显沿江地标形象，展现大气、谦和企业形象。

上虞北站房

项目地点：浙江省上虞市
项目功能：火车站
建筑规模：8 931m²
设计 / 建成：2009 / 2013 年

作品简介

新建杭州至宁波铁路客运专线工程共有中间站4座，位于杭州与宁波之间，车站建筑是大尺度的公建，所以力求强调空间和结构技术的功能性和实用性，以简洁、舒展为目标。新的立面设计旨在以现代造型反映上虞独有的江南文化的气质和特色。设计提取了花格窗的符号，采用三段式的手法，用充满斑驳光影的室内空间塑造诗意的候车空间。

1. 建筑侧立面
2.3. 站台
4. 建筑入口

温岭博物馆

项目地点：浙江省温岭市

项目功能：展览

建筑规模：8 500m²

设计时间：2011 年

作品简介

基地位于温岭市城市新区的核心地段。设计从城市角度出发，对场所做出了积极的回应，将主体架空，留出大量公共活动的空间，为温岭新城区提供了一个市民文化活动的中心。从南边的广场，可以穿过建筑下方到达双桥河岸，并可以走亲水栈道回望建筑，建筑形式如一块灵动的巨石，落在双桥河边，内部空间又如温岭著名景点长屿硐天一般，流动交错。巨石向北展开巨大的洞口，供参观者感受双桥河沿岸美景。形式本身不仅与当地文化结合，更富时代感，极具动势的体量具有强烈的视觉冲击力。

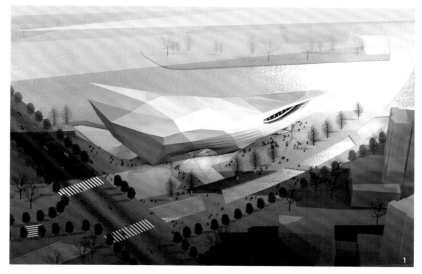

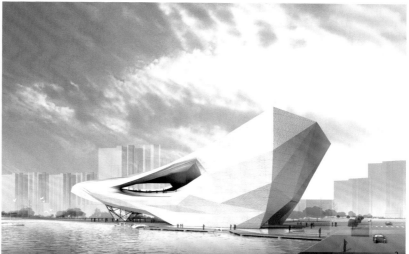

1.2. 透视图

3. 平面图

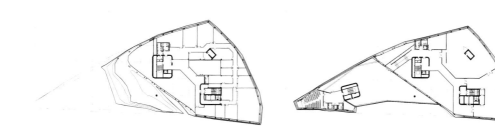

加拿大CPC建筑设计顾问有限公司
COAST PALISADE CONSULTING GROUP

加拿大 CPC 建筑设计顾问公司于 1994 年在加拿大温哥华成立,自 1995 年开始进入中国市场,为政府及房地产开发商提供城市规划、建筑设计、室内设计、景观设计等全方位的设计服务。随着工程项目的日益增加,2001 年 CPC 将其中国的办事处设于上海,以便更好地为业主提供即时的服务。CPC 拥有以北美为代表的境外建筑师和国内的优秀建筑师,并有景观设计师、模型制作师及三维设计师等辅助设计人员。

CPC 在中国已有十余年的项目设计经验,已完成近 200 万 m² 的各类建筑设计,项目类型涉及规划、住宅、商业、酒店、办公等,取得了令人瞩目的成就,工程项目遍布上海、北京、重庆、成都、苏州、大连等十几个城市。

Founded in 1994, the Coast Palisade Consulting Group (C.P.C. Group) is an architectural design firm operating in Vancouver and Shanghai. The Firm specializes in architectural design, planning, urban design and interior design. Most members of the firm have more than one university degree in architecture or related fields such as planning and urban design. C.P.C. GROUP offers clients creative design solutions that are market and user responsive and feasible to construct from both a building technology and budget perspective. We have a core group of long-term staff with access to a large pool of designers, planners, model makers, computer technologists, etc. C.P.C. Group has been engaged in project design in China for almost 10 years, with various projects that have a total area of about 2 million square meters. The projects cover a wide range of types including planning, residential buildings, commercial buildings, hotels, and offices, which can be found in more than 10 cities in China such as Shanghai, Beijing, Chongqing, Chengdu, Suzhou, Dalian, etc.

推动社会良性发展

1. 我们的建筑哲学

公司一直在坚持一种"中间"的哲学——努力取得各方的平衡:社会效益与经济效益的平衡;长期利益与短期利益的平衡;政府、开发商、公司和公众之间的共赢。我们始终坚持认为优秀的建筑设计是由众多领域的专家通力协作的结晶,它功能合理,符合经济需求,美学上得体。公司既不随波逐流去一味追求短期的经济利益,也不只空谈乌托邦式的社会理想。而是始终抱着对社会的责任感,坚持不断地用实践去达成对社会的正面影响,从而加入推动社会良性发展和进步的力量中去实现公司的价值。

2. 公司新的研究和实践

随着整个社会的发展和房地产市场的逐步发展成熟,建筑类型的划分除了之前已有的居住、商业综合体、办公、酒店、文化建筑等传统的建筑类型之外,近几年也兴起了一些新的建筑类型。公司在近年的建筑实践中,除了在设计上坚持对已有传统建筑类型的完善和提高,精益求精之外,也对一些新的建筑类型进行了研究和实践的探索。

1)城市更新与再发展

城市化建设的浪潮持续 20 年之后,时至今日,中国大中城市的城市化水平已经达到了相当的水准,建设趋于饱和。尤其在大型城市中,市区里的可建设用地越来越少。与此同时,城市中的很多区域(尤其在老城区)变得不能够适应新的城市功能需求,不能容纳新的城市生活,慢慢开始衰落。在这种情况下,城市的更新和再发展成为必然。近两三年,公司在城市更新和再发展方面做了大量的研究和实践工作,其中以"上海市虹口区北部八地块产业研究项目"为代表。在这个项目中针对虹口区待更新的八个地块,我们协助区政府一起制定总体的产业布局,研究各个区域间产业的联动和升级,对资源的整合和土地的有效使用提出建议,倡导一种渐进的、插入式的、对城市的缝合。并且提出在城市更新过程中文化和人文关怀的介入及城市符合性功能的引入,从而达到对城市区域的更新和再发展,为城市注入新活力的目标。整个规划中,作为先期示范区域的邯郸路沿线地块我们对其做了更加详尽的研究、对该区域产业的升级和更新、多样化城市功能的引入;区域交通与城市交通的连接与整合;土地权属关系的梳理、开发时序的设置等一系列问题都做了详

邱 江　总裁、总建筑师
　　　清华大学建筑学学士
　　　加拿大不列颠哥伦比亚大学建筑学硕士

梅 玫　副总建筑师
　　　清华大学建筑学学士
　　　加拿大温哥华大学建筑学硕士

郑宇飞　副总经理
　　　国家一级注册建筑师
　　　南京建筑工程学院建筑学学士

韩 强　设计总监、主创建筑师
　　　西北建筑工程学院建筑学学士

Matthew Mander　主创建筑师
　　　加拿大哈利法克斯 Nova Scotia 大学
　　　加拿大哈利法克斯 Dalhousic 大学
　　　加拿大不列颠哥伦比亚大学
　　　列颠哥伦比亚大学

LISANDRO ARDUSSO　主创设计师
　　　建筑学学士
　　　阿根廷罗萨里奥大学

邢 进　项目经理
　　　安徽建筑工程学院
　　　合肥工业大学建筑学院

地址 (Add): 上海市北京西路 1701 号静安中华大厦 1401 室
邮编 (Zip): 200040
电话 (Tel): 86-21-62884611
传真 (Fax): 86-21-62884311
Email: cpcguoup@cpcgroupsh.com
Website: www.cpcgroupsh.com

细的论证和研究，并最终为该区域制定了详细的城市设计导则。在未来的几年中该项目将会陆续更新完成，这必将会对城市更新和再发展类型的项目起到示范意义，成为城市更新方式的一个模型得到推广和发展。

2）老龄化与养老地产

随着社会老龄化的到来，近几年养老地产成为新的发展热点。但由于是一种新的类型，目前国内还没有成熟的理论体系和研究成果，近年来建成的一些养老地产项目都还处于相对初期的探索阶段。公司近两年关注和参与养老建筑的探索主要集中在理论研究和部分的实践活动上：与清华大学校友会养老建筑分会合作进行养老建筑的研究和调查，同时进行实践的探索；通过两岸经营者协会与台湾的养老地产界合作交流；去日本、中国台湾等养老建筑相对成熟的国家和地区进行考察和学习，并结合中国的国情和市场情况进行及时的总结和实践探索。老龄化是一个社会问题，养老建筑也牵扯到社会的方方面面，只靠建筑行业根本无法解决问题。我们更加倾向于机构养老、社区养老、居家养老等多种方式并行的机制。让老年人不完全脱离社会，在社会上得到尊重，并且老有所为，实现自己的价值，这应该是养老地产设计的准则。

3）可持续发展

可持续发展可能不算是一个新的方向，在中国也已经持续了十几年的研究和实践。而实际上我们公司在十年前就开始了可持续发展的实践，是上海最早进行可持续发展研究和实践的公司之一，并且也取得了丰硕的成果。我们为上海地产集团编纂了《可持续发展标准手册》，为政府提供可持续发展规划的咨询，并且在多个建成项目中贯彻了可持续发展的策略，使用了相应的技术措施，也取得了很好的效果。但是近年来随着社会的飞速发展，环境污染、能源枯竭等问题的不断恶化，人们对可持续发展越来越重视，认识也在逐渐加深，与此同时，众多的标准和规范、众多的称谓应运而生——绿色、低碳、生态、环保；绿色建筑星级评定；LEED 认证、CMHC 标准……有中国的标准、有美国的标准、有加拿大和欧洲的标准……整个市场的标准相对比较宽泛和模糊，在实际的操作层面也往往流于形式和表面文章。我们所做的是利用公司十年来在中国做可持续发展设计和实践的经验，以及对中国市场的准确认识和定位，探索和推广更加适合中国国情与市场的可持续发展策略及可行的技术措施。

武汉融科·智谷

项目地点：湖北省武汉市
项目功能：创意园区
总建筑规模：349 000m²
设计时间：2013 年

作品简介

独栋商务花园采用中国传统四合院居住模式，用现代手段演绎东方居住美学，在高容积率下实现艺墅的生活体验。户与户向上叠加，充分享有了土地资源和天空资源。建筑层叠的退让，给阳光和风留出通道，创造良好的住宅环境，每户独有的回家的路径。利用建筑的围合退叠，隔绝外部的喧嚣，让每户均能拥有独占天空的静谧院子，符合天人合一追崇自然的思想。岛区规划赋予主题板块与组团，将办公室建设于"超级公园"之中，绿岛之上，规划结构上实现"公园式办公"。

1. 沿街透视图
2. 鸟瞰图
3~6. 别墅办公

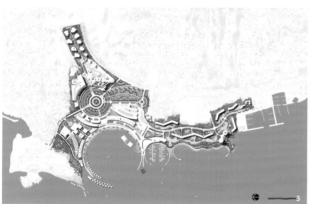

大溪地旅游度假规划

项目地点：大溪地 Mahana 海滩

项目功能：创意园区

建筑规模：274 000m²

总占地面积：约 340 000m²

设计时间：2014 年

作品简介

海滩坐落在南太平洋中心，这是中国人心中的世外桃源，中国知识分子的理想精神家园。

1~2. 鸟瞰图

3. 总平面

4. 鸟瞰图

5. 模型照片

6. 分层示意

虹口曲阳社区hk68B街坊规划

项目地点：上海市

项目功能：创意园区

建筑规模：156 900m²

总占地面积：约 340 000m²

设计时间：2013 年

作品简介

项目位于上海市虹口区，属于典型的城市中心区旧区改造和重建项目。基地现状分为 6 块小的用地，分属不同的权属单位。规划旨在帮助区政府探索一种新的旧区改造和重建模式。尝试将 6 个相邻的小地块，统一规划，基础设施和配套服务等资源共享，以实现改建重建过程中对城市土地和公共资源的高效和集约化利用。并帮助政府规划部门制定控制性的设计导则。

在规划设计上，整个区域的功能为办公、SOHO、商业和配套服务设施。设计中，通过建立起一个立体的多层次的公共体系网。将各种功能和用途"编制"在一起。利用商业、公共服务部分建立起一个公共交往和使用的平台，将办公 /SOHO 联系起来，为使用人群的交流和混合使用提供空间和同能性。

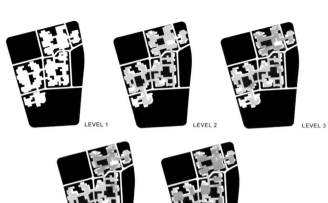

1. 鸟瞰图

2. 建筑模型

3. 分层示意

杭州金地萧山风情大道项目

项目地点：浙江省杭州市

项目功能：住宅

建筑规模：311 163m²

占地面积：123 963m²

设计 / 建成：2010/2013 年

作品简介

此项目位于杭州市萧山区城厢街道杜湖社区，属住宅开发项目。项目定位为杭州高档次、高品质的高档豪宅，萧山区住宅地产的旗舰，将体现休闲、文化、娱乐与居住相结合的完美生活方式。住宅造型独特，既创造出富有变化的轮廓，又充分强调了现代建筑的魅力。

1. 会所
2. 住宅透视
3. 住宅入口

普陀区549街坊12丘地块项目

项目地点：上海市
项目功能：住宅
建筑规模：100 251m²
占地面积：35 723m²
设计 / 建成：2009/2014 年

作品简介

该项目位于上海市普陀区金迎路以西，金通路以
北，金萃路以南，普陀区区界以东。项目总体由
8 栋高层沿基地周边交错布局而成，面对城市形
成鲜明的外围轮廓。主体部分统高 47.5m，但形
态和朝向各异，相互交错，形成一个变化的整体。
立面设计中结合建筑的使用功能，强调以使用单
元为模数的网格状构图。

1. 人视图
2. 立面细节
3. 下沉广场
4. 总平面图

上海戏剧学院

项目地点：上海市
项目功能：学校
建筑规模：98 000m²
设计时间：2013 年

1. 人视图
2. 庭院局部
3. 鸟瞰图
4. 总平面图

作品简介

上海戏剧学院浦江校区以一块起始于南侧郊野公园的绿色大斜坡来组织整个校园。斜坡以下布置了绝大部分的教学功能组团，庭院的穿插一方面带来自然采光和通风，另一方面引入中国传统建筑的空间意向。斜坡以上悬浮了三个最具代表性的功能单元——演艺中心、图书馆和影视学院的放映厅。这个绿色大斜坡巧妙联系了浦江校区与南侧的郊野公园，解决了高密的容积率问题，并创造了一个极具形象感的整体化校园。

上海周浦印象春城

项目地点：上海市

项目功能：住宅

建筑规模：359 413m²

设计 / 建成：2009/2012 年

作品简介

项目所在的周浦镇地处南汇区西北，北邻康桥工业区，西邻闵行区浦江镇，地理位置优越。

1. 别墅透视
2. 景观局部
3. 总平面图

3

GOA 大象设计

Greentown Oriental Architects (GOA)

自 1998 年成立以来，GOA 大象设计（原绿城东方）已成长为国内最具实力的民营设计机构之一，并与业界众多领袖企业建立了长期良好的合作关系。

公司在杭州、上海、北京、南京分别设立了办公室，拥有专业技术人员逾 800 人，具有国家建筑工程甲级资质，设计领域涵盖规划、建筑、结构、机电、室内等多个专业，为客户提供全阶段、多层次和高水准的综合化服务。

作为国内建筑设计机构中的标杆，GOA 始终专注于最大化项目的社会效益和市场价值。凭借创意与技术的平衡以及全程标准化、精细化的流程控制模式，从而实现了"无形的设计服务"到"愉悦的客户体验"转化。

Since its establishment in 1998, GOA has grown into one of the most professional privately operated design companies, and established excellent cooperative relationships with domestic and foreign firms in a long time.

With the support of more than 800 professional and technical staffs, the company has set offices in Hangzhou, Shanghai, Beijing, Nanjing . GOA has a Class-A national construction qualification, design covering planning, architecture, interior, structural, MEP design and other professions, to provide customers with the full stage, multi-level and high quality integration services.

As a model of Chinese architectural design firms, GOA has always focused on maximizing the social value and market value of the project. By virtue of the balance between creativity and technology, alone with the standardized procedures and the intensive quality control system, GOA has reached a relatively ideal state of turning intangible design process into a wonderful client experience in each project.

品质为先

因为长期与开发高品质物业的业主合作，带来的许多为人称道的设计成果，GOA 获得了良好的业界声誉。在活跃于设计行业的十多年间，我们完成了数百个项目，包括住区、酒店、学校、商业办公和医疗等多种类型，提供从项目管理、规划、建筑及室内设计全方位的专业服务，并且持续保持全面的高品质的设计质量。在公司创立之初，提供高品质设计服务就是各位同仁的共识，也正是依靠这样的共识，让公司一直保持非常好的发展势头。

但是，公司规模和设计品质往往存在矛盾，在这方面我们会毫不犹豫以保证品质为首选。所以，我们一直把团队建设和制度完善作为公司运营的核心工作。在这十几年间，公司合伙人从最初的六人发展到二十九人，从只有专业合伙人发展到有

管理合伙人，合伙人的层级也由单一层级发展为三级合伙人体系，不同层级的合伙人分担不同的工作，让年轻有冲劲的合伙人负责项目具体推进工作，积累了丰富经验的合伙人承担支持和指导工作。这样的合伙人架构在保持公司活力的同时，使公司的优秀文化得以传承，更重要的是为员工营造了一个更好的成长环境，让新的员工能够在比较短的时间里形成良好的工作习惯，对项目有更好的观察视野，能够更广泛的探索项目的可能发展方向，从而有可能为业主发掘出更多的项目价值。

项目价值的内涵很广泛，其中项目自身占有的资源是很重要的一部分。设计的意义一方面是要充分发掘项目的自身资源；另一方面更要通过好的创意使得最终产品有超过其资源的价值。对于设计机构来说，良好的管理和完备的流程控制是产品品质

陆皓 何兼 何峻 连铮 朱斌 凌建

孙德良 汪澜 张欲晓 胡凌华 朱宗民 荣嵘

田钰 李越 刘纲 孙航 王彦 肖伟平

张晓晓 朱全成 朱毅 姚路 黄伟志 方旭筠

李慧芬 陈斌鑫 袁源 张迅 雒建利

Add: 浙江省杭州市古墩路 389 号 Zip: 310012 Tel: 86-571-88366180 Fax: 86-571-88366080 Email: goa@goa.com.cn Website: www.goa.com.cn

保障的基础，然而好的创意及将这些创意完美呈现的能力，才是构成市场竞争力的核心资源。强化公司的这方面的能力一直是 GOA 发展主线，尤其是追求创意的完美呈现，是解读 GOA 作品最好的线索。

GOA 用了三年多的时间完成了项目协同设计的平台搭建及全员应用的过程，建立了自己的 BIM 团队和结构、机电设计顾问团队。在一些大型超高层项目中，结构和机电顾问服务已经是我们的专业标准服务的内容。在公司内部工作流程中，也建立了为建筑师服务的技术支持体系，在概念设计阶段就开始技术解决方案的研究和比较。

GOA 一直在探索适合中国市场的高水准设计机构的建设与运营模式，我们非常清楚要经过很长时间的努力才有可能达到这个目标，幸运的是我们一直得到业内机构和相关人士的理解支持，尤其是来自业主的充分信任。另外，我们也期待 GOA 能成为一个事业平台，在帮助有梦想的同仁成就自己的事业的同时，也成就 GOA。

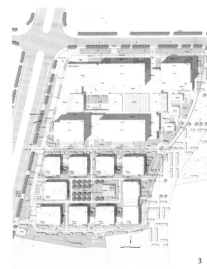

1.2. 效果图
3. 总平面图
4.5. 效果图

上海长风生态商务区10号地块

项目地点：上海市
项目功能：办公
总建筑规模：414 390m²
设计时间：2011 年

作品简介

通过营造丰富多变的办公、商业、公寓式办公等空间来复苏普陀区，并将其转型成为上海的一个活力中心。通过营造一个集多种商业功能、公共广场、景观绿化与一体的公共空间，加上贯穿各向的步行道，打造出一个"在花园中工作生活"的大概念。与此同时，用一条贯穿基地的全新导向轴线营造出有效的互动空间。设计团队在人性化的空间尺度基础上进行公共空间设计。通过降低总体的建筑高度，设置下沉庭院、空中花园、屋顶花园，将人们引入公园绿化带。采用整合创新的可持续发展设计策略，力求项目达到 LEED 金级认证及上海绿色建筑标准。

1. 建筑夜景
2. 平面图
3. 立面图
4. 剖面图
5~7. 建筑局部

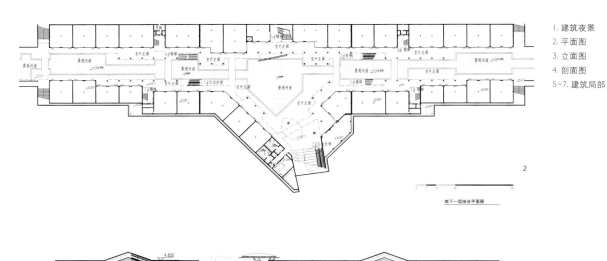

地下一层组合平面图

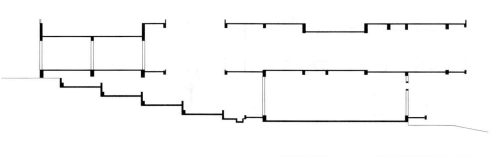

5

6

千岛湖珍珠广场及中轴溪

项目地点：浙江省杭州市

项目功能：商业综合

建筑规模：24 170m²

作品简介

珍珠半岛是千岛湖着力打造的一个新城，位于一片
狭长的山坳地带，西端高处为华数机站，东端低处
面朝千岛湖辽阔水面。由于华数机站日常会产生大
量的冷却用水，因此本项目因势利导，由西向东设
置了一条贯穿新城的景观溪流——中轴溪，并在溪
水汇集的东端结合行政中心设置珍珠广场作为景观
节点。

设计师在珍珠广场设计了广场服务中心、珍珠贝眺
望台、商业步行街等景观商业建筑。通过对景观要
素及地形的研判和整理，将这1万多平方米的建筑
"藏"在景观中。为了获得较好的亲水商业体验，将
步行街的首层降到溪水标高，而入口层设在外部地
面标高。为了与溪流上下游的景观融合，商业层数
沿溪流调整。同时，步行街屋顶做覆土草坡的处理。

7

1

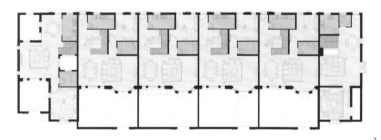

2

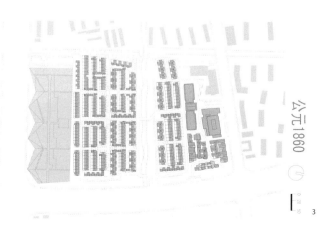

3

公元1860

项目地点：上海市
项目功能：住宅
建筑规模：195 000m²
设计时间：2008 年

作品简介

项目位于上海市宝山区顾村板块，是融石库门联排别墅、摩登里弄商业街与办公为一体的高档社区。项目以"花园里的石库门，公园边上的老房子"为设计理念，在尊重历史文化的基础上，结合了传统海派民宅人文、现代生活及绿色建筑概念。

项目布局紧凑，尺度宜人。生活在"公共起居厅"的弄堂展开。空间通过主弄 6m，支弄 4.5m 的道路系统、景观、各式户外空间和生活配套的结合，重现传统邻里结构和生活张力。

立面采用青红砖瓦、水刷石、黏土手工外墙砖等材料，延续传统肌理。联排保留山墙、坡顶、老虎窗等传统元素。商业街在传统石库门形象中穿插玻璃幕墙，增添现代感。三栋高层酒店式公寓及办公楼，以挺拔的线条、厚重的体量统领全局。

住宅部分于 2011 年 12 月一期交房，并被评为"上海迎世博海派传统民居示范基地"。

1. 建筑外观
2. 平面图
3. 区位图
4.5. 建筑局部

嵊州市新医院

项目地点：浙江省嵊州市

项目功能：医疗

建筑规模：149 000m²

设计／建成：2011／在建

作品简介

嵊州市新医院位于新老城区的交界处，计划建设成
有1 500张床位的医院。项目风格为业主期望的"民
国风格"的园林式建筑。"民国风格"的概念非常宽
泛，建筑的形式更是千差万别。设计师在只能在纷
繁芜杂的片断中分析提取典型元素。

在保证功能的前提下，团队将医疗街变成围绕中心
庭园弯折的"L"形，内侧直接面对庭园。医院核心
的门诊、急诊和医技分别位于几栋尺度相近的4层
楼建筑中，挂在"L"形医疗街的外侧。医疗街因为
单侧向庭园开放而变得生动有趣，在心理上降低病
患就医过程中的不安感。在建筑的风格上，延续了
民国建筑中西合璧的特点，借鉴了西方建筑三段式
的比例，融合中式的装饰构件和景观要素，给病患
和医务人员带来温暖安全的内心暗示。

1.2. 建筑局部

3. 鸟瞰

4. 建筑外景

5. 区位图

6. 室内

1. 建筑外景
2. 建筑内景

宁波科技研发基地（3B-3号地块）
项目地点：浙江省宁波市
项目功能：办公
建筑规模：109 800m²

作品简介

项目为宁波市科技园区研发园区的三期工程。该用地的周边条件比较复杂。地块东北侧紧靠江南大道，西北侧贴邻甬新河。南面建成的一、二期非常对称整齐，东面质监局项目却极其无序混乱，地块的西北角又被宁波微软技术中心项目分割掉一块，使本就不规则的用地边界变得更加异形。不规则的用地红线和复杂的周边条件为本项目的规划布局提出了难题。设计师的设计是试图在这些限制条件中寻找相对有机的对位关系，得出了三条能够交于同点的轴线，让它们对建筑的布局起控制作用。同时，这三条相交的轴线，也让整个项目形成了一种不同于一、二期的庭院空间形态。一、二期都是庭院式的内向型园区空间形态，三期则是一种开放式的外向型园区空间形态。另外，除了适当加强建筑之间的联系外，建筑之间的围合、对称在这里变得相对次要，建筑的布置更像是点缀在整个大花园中。建筑高度整体上北高南低，形成富有变化的城市天际轮廓线。建筑单体简洁方正，立面采用明框玻璃幕墙做法，现代又不缺细节，高层建筑采用的是竖向线条做法，强调建筑的挺拔有力，多层建筑则采用横线条做法，突出水平向的放松舒展，两者在视觉上互为补充，相得益彰。

1~3. 建筑局部
4. 沿街外景

蓝色钱江
项目地点：浙江省杭州市
项目功能：酒店、住宅
建筑规模：406 800 万 m²
设计 / 建成：2007/2013 年

作品简介
基地位于杭州新市中心——钱江新城核心区西侧，南眺钱塘江，坐拥都市繁华和江景浩荡。项目的设计历时近 6 年，从初期产品定位、设计过程中对应市场变化的调整完善、到施工营造的多方配合。设计侧重诠释城市综合体在城市特定区域内所应承担的引领作用。总体布局注重建筑组群间的主次关系及与城市的联系：住宅组群跨越两个地块，沿南北向中轴线对称展开，南地块的东侧退让，以布置酒店办公综合楼与两地块间的商业街形成连续的商业界面，并呼应东侧的办公及社区公园，为整个社区注入了活力。立面将玻璃、石材与金属等材料巧妙组合，形态简洁大气，细节层次丰富，充满时代气息。

温岭银泰五星级酒店

项目地点：浙江省温岭市
项目功能：酒店
建筑规模：189 299m²
设计时间：2012 年

作品简介

温岭银泰超高层酒店项目地块三面被河流环抱，作为"龙头"，起伏的水道和美丽的湿地景观为整个区域规划设定了主题。基地上主体建筑的功能位置旨在为客人和业主提供多层次的体验，吸取项目地块中独特优势"龙头"概念，并将其运用在总平面规划。产权式酒店住客将享受到度假般私密或半私密的空间，包含专享裙楼屋顶花园和泳池。酒店设计了多种餐饮空间，从室外水系南侧的主题餐饮延伸到项目裙房中心位置的大空间私人餐饮。通过绿色屋顶和水系统的整体处理等设计手法，建筑实现了可持续的环保策略。

1. 建筑外景
2. 鸟瞰
3.4. 建筑内景

TONTSEN方大设计集团
TONTSEN Fangda Design Group

TONTSEN 方大设计集团前身为美国 TONTSEN 设计公司。于 2000 年进入中国，现已汇聚了 300 余位来自世界各地的业内设计精英。集团总部坐落于中国上海，专业从事城市规划、建筑设计、景观设计业务。机构成员包括上海方大建筑设计事务所、上海方大建筑设计有限公司、TONTSEN 建筑设计事务所（美国）、TONTSEN 伦敦设计中心、TONTSEN 香港景观部。

TONTSEN Fangda Design Group, formerly known as America TONTSEN Design Company, has already absorbed more than three hundred of global industry design elites since its first presence in China in 2000; The headquarter locates in Shanghai, China and is engaged in the professional fileds of the urban planning, architectural design and landscape design.

The croup consists of Shanghai Fangda Architecture Design Office, Shanghai Fangda Architecture Design Co., Ltd, TONTSEN Architecture Design Office (US), TONTSEN London Design Center and TONTSEN (Hongkong) Landscape Design Company.

设计，只为创造更好的生活

1. 空间价值论

公司成立至今，TONTSEN 方大设计坚持稳步发展，蓬勃创新，并始终遵循自己特有的理论——空间价值论，其核心内涵是指优秀的设计源于对市场需求表象之后的建筑本质的深刻理解。该理论的提出，源于集团创始人齐方博士对建筑空间的深度剖析和对市场的深刻理解，并在众多实际案例上得到充分的验证。随着 TONTSEN 方大设计集团在商业、办公、酒店、教育各个建筑领域的不断成熟，原有的"空间价值论"也更加完善，为 TONTSEN 方大设计集团在下一个十年创作历程提供了扎实的理论基础。

2. 创新与跨界

伴随整个科学技术的进步、新型技术与材料的更新，设计也必须不断推陈出新，因此，作为建筑师必须时刻关注与学习，唯有如此，才能保持创新的设计能力及前瞻性的理念，为公司

的发展注入源源不断的能量和活力。运用新兴技术的同时，我们也将一些跨界的设计运用到建筑中，例如，我们将舞台升降装置运用到空间设计中，从而实现空间利用最大化，赋予其感官上的新鲜感与动态性。

3. 文化传承

作为建筑师，我们深知自己身上肩负文化传播打造城市脉络的使命，秉承保护与传承的理念，在中国式的城市文明的进程中，TONTSEN 方大设计坚持以自己的笔触为中国东方文化的复兴，呈现示范性的助推作用。近期，TONTSEN 方大设计集团凭借南昌陶瓷艺术博物馆、安阳甲骨文博物馆、吴江体育馆等多个国际项目的成功，迎来了 TONTSEN 方大设计集团在城市重要公共建筑、大跨度空间建筑领域里程碑式的突破，其中安阳甲骨文博物馆入围 2013 年世界建筑节（World Architecture Festival）未来文化项目，向全球设计师展示了中华民族"文字始

齐方
TONTSEN 方大设计集团 董事长 首席设计师
清华大学建筑学 学士
同济大学建筑学 硕士
同济大学建筑学 博士
国家一级注册建筑师
美国建筑师协会会员
上海市建筑学会商业地产专业委员会会员

地址 (Add): 上海市浦东新区东方路 971 号钱江大厦 27 层
邮编 (Zip): 200122
电话 (Tel): 86-21-50582111
传真 (Fax): 86-21-50583009
www.tontsen.com

祖"甲骨文的价值传承和汉语言文化独特魅力。

4. 勿忘初心

在过去的十年里，TONTSEN 方大设计集团已具备巨大的资源整合能力和极强的核心竞争力。在迅速发展的同时，我们从未遗忘作为建筑师的坚持与信念，我们相信，每一位建筑师都心怀"创造美好生活与世界"的梦想，而 TONTSEN 方大设计则为他们提供了机会与平台，来坚持并实现这个梦想。

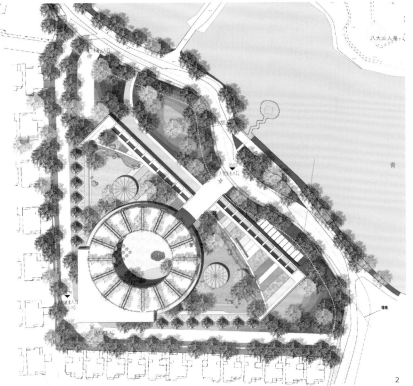

南昌陶瓷艺术博物馆（与TONTSEN方大设计顾问、世界级建筑大师马里奥·博塔合作项目）

项目地点：江西省南昌市
项目功能：博物馆、办公、艺术沙龙
总建筑规模：21 000m²
设计时间：2012 年

作品简介

南昌陶瓷艺术博物馆坐落于南昌梅湖边，在八大山人故居前。陶瓷艺术博物馆主入口设在青云谱路，顺着入口进入博物馆，可以看到左右两侧展馆。参观者可以通过左右两侧展馆中间的小路到达博物馆主广场。入口大门设计在环形通道的中央，圆形的主入口广场，可作为迎宾和休息区，把梅湖的景观垂直延伸到建筑顶部，直至蓝天。沿青云谱路的滨水景观设计非常独特，令人耳目一新。当人们步行在湖畔迎宾区域时，可以沿着景观步道进入博物馆。博物馆入口的景观把梅湖水引入博物馆周边，水景交融。

1. 透视图
2. 总平面图
3.4. 主入口广场透视

1. 透视图
2. 庭院阶梯立面图
3. 鸟瞰图

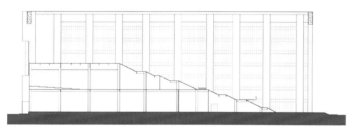

安阳甲骨文博物馆（入围2013世界建筑节——未来文化项目）

项目地点：河南省安阳市
项目功能：博物馆、办公
总建筑规模：26 000 m²
设计时间：2012 年

作品简介

安阳甲骨文博物馆位于中国八大古都之一的河南省安阳市。建筑外观造型根植于历史与文化的深厚底蕴，而现代的建筑科技和设计手法阐释出木化石"历史的雕琢印迹"这一概念。同时，博物馆主入口设置大面积的水面景观，建筑物如同漂浮在水面上，夜景效果梦幻而绚丽，仿佛穿越了远古时空，将历史与现代文明连接起来。项目凭借对中国甲骨文价值传承以及汉语言文化魅力的独特表达，使其成功入围全球七席之一的 2013 年世界建筑节（World Architecture Festival）未来文化项目。

吴江市体育会展中心

项目地点：江苏省苏州市

项目功能：体育馆、酒店、商业、展厅

总建筑规模：206 000m²

设计时间：2013 年

作品简介

吴江市体育会展中心位于市政府西南部，是集文化、娱乐、旅游和居住 等多种城市服务功能为一体的城市形象代表地区，地理位置优越。项目以中国特色图腾——龙为整体规划理念，传达出"蛟龙飞天、龙凤呈祥"的美好寓意。屋顶连续起伏的金属铝板似起伏的龙身，场馆上翻的条形屋盖似祥云，下翻的场馆侧立面是龙身，设计师希望通过龙这一特殊图腾，诠释出吴江城市新面貌。项目整体规划由北向南依次规划有体育馆、会展馆、游泳馆、室外水上乐园，以体育馆和游泳馆为主题，将会展馆设置在两个场馆之间，形成相近的对称布局。四维空间景观结构加入"时间的概念"，打破以往静态的景观结构，强调时间所形成的动态格局。同时，空间及形态设计突出严谨与自由的对比，完美的曲线，创造出丰富的视觉效果。

1. 建筑透视图
2. 鸟瞰图
3. 透视图

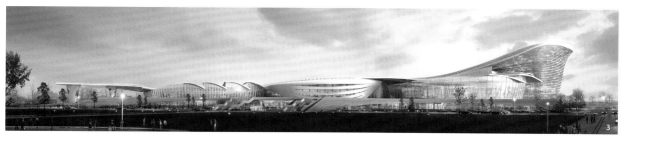

上海耀江国际广场

项目地点：上海市

项目功能：办公、商业、住宅

总建筑规模：105 000m²

设计时间：2004 年

作品简介

耀江国际广场的规划运用"新城市主义"手法，力求建筑组群与城市的和谐统一，立足于上海外滩区域整体建筑风格，使之成为区域景观与城市滨江建筑有机组成部分，达到与城市交融的目的，成为外滩延伸段的群体建筑之一。

耀江国际广场的规划平面结构采用围合式布局，巧妙地为内部空间创造了"结庐在人境，而无车马喧"的舒适环境。建筑单体户型设计吸收滨江 (Waterfront Settlement) 住宅设计的优点，各建筑均享有良好的、观赏黄浦江的空间视觉走廊，同时还注重建筑景向与朝向有机结合，使人在绿色视野中充分感受江景、阳光与空气。

1.2. 实景图

上海唐镇珑庭

项目地点：上海市

项目功能：商业、教育、酒店、办公

总建筑规模：27 000m²

设计时间：2014 年

作品简介

本项目是上海重点打造的"东方世纪社区"，交通便利，发展潜力极大。

设计将协调地块功能，创造一个富有活力的功能复合的城市空间，形成最大投资回报。以"礼仪性、归属管、专业性及均好性"融入设计之中，注重业态均好性，提升差异化竞争优势，营造出极具归属感的高端社区商业氛围，保证周期性消费的稳定增长。景观设计中，采用动态的四维空间景观，形成"视线走廊"和"生态走廊"为人们提供步行、休息、社交、聚会的场所，精选素雅的景观风格与简约的景观构成，营造出素雅而精致的现代高品质生活内涵。

1. 沿街透视图

2.3. 鸟瞰图

南昌西格玛广场

项目地点：江西省南昌市
项目功能：办公、酒店
总建筑规模：79 000m²
设计时间：2006 年

作品简介

南昌西格玛广场位于南昌市区洪都大道，主要功能
分为办公和商业。总体规划根据功能需要，建筑裙
房形成功能基座，建筑单体设置购物中心和办公区
域大堂。设计师规划了合理的功能分区，能够有效
组织不同的人流和车流，引入相应的辅助功能空间。
建筑主体的平面功能为：一层、二层为写字楼大堂
及对外商业娱乐空间。建筑主体地下一层为地下车
库和设备用房。整体造型犹如盛放在托座上的钻石，
在白天和夜晚分别呈现不同的迷人光彩。整个建筑
用自身单纯的体量、简洁形态与周围城市空间和秀
美的青山湖融为一体，创造出"全球化、多元化"
共生的高技派建筑，力求达到视觉、流线、功能上
的多向互动，最终提升项目 所在区域的景观和市场
价值。

1.实景透视图
2.实景鸟瞰图

温州大象城国际商贸中心
项目地点：浙江省温州市
项目功能：商业、办公、酒店、公寓、展示
总建筑规模：250 000m²
设计时间：2013 年

作品简介

大象城国际商贸中心位于温州市瓯海区，地处政府
"十二五"重点打造的战前商贸区，总建筑面积约
25 万平方米。TONTSEN 方大设计集团全力将该项
目打造成温州首个批发、零售、展示、交易、物流、
线上线下一体的大型现代化交易中心。

TONTSEN 方大设计集团基于该地区的优势及对产
品的剖析，开发出五大模块及十大功能作为设计亮
点，配以线上线下一体化的开发理念，做到功能密
集化、公共资源共享化、服务设置完备化、管理机
构集中化等规划策略，将其打造成引领商业风潮的
高端产品。另外，TONTSEN 方大设计集团基于成
功打造地标性建筑的丰富经验，运用极富冲击力的
立面设计，在多维空间突出现代时尚的主题，同时
注重机理的变化，充分发挥大体量建筑的气势，提
升项目的建筑品质和社会影响力。

1. 沿街透视图
2. 总平面图

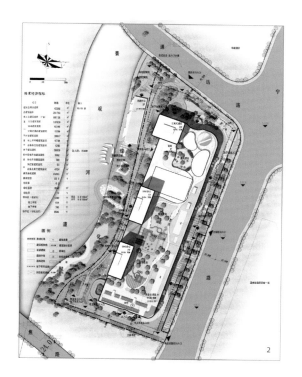

南昌百城国际绿洲广场

项目地点：江西省南昌市
项目功能：办公、商业
总建筑规模：31 000m²
设计时间：2013 年

作品简介

百城国际绿洲广场位于南昌青云谱区，地块南侧三店西路为城市重点打造的景观商业走廊，四周城市道路环绕，地理位置优越；地块西侧近邻象湖公园风景区，东北角保留有大量古树资源，景观价值优越。设计定位为集生态酒店、绿色办公为一体的新城市地标。宴会、酒店、办公等多种功能空间，通过巧妙的立体庭院空间实现了相对独立和交融共生。建筑设计注重内外兼修，内部功能简洁高效，外部造型大气时尚，空中连廊空间交错成就两塔楼的互动与对话。构成主义风格立面宛若天成，彰显时代气息。基地东侧保留樟树区，为项目带来良好的生态景观资源，也成为设计灵感之源，"生命之树"由此扎根，树状造型的雨篷与广场景观有机结合，立体景观庭院在塔楼不同部位择层分布并与屋顶花园遥相呼应，结合雨水收集、太阳能利用等技术措施，全方位的绿色设计构建了完整的大楼生态系统，并为建筑输送"养分"，生态概念深入骨髓。

1. 鸟瞰图
2. 入口局部透视图
3. 模型概念图

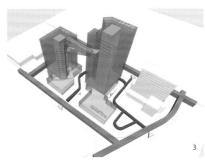

3

1. 鸟瞰图
2. 总平面图
3. 商业透视图

重庆巴南万象城市广场

项目地点：重庆市

项目功能：商业、办公、酒店、公寓、步行街

总建筑规模：323 000m²

设计时间：2013 年

作品简介

重庆巴南万象城市广场项目位于重庆市巴南区以东 8km，西侧为 104 省道，交通便利，地理位置优越。本项目定位于重庆高端商业地产项目代表。以"打造重庆全新生活模式"为概念指导，打造集高端SOHO 办公、高端酒店及酒店式公寓、大型购物广场、体验式商业街及高端写字楼为一体的多种功能的高端城市综合体项目。设计以现代风格为主，并加入了特有的经典元素，将现代科技和现代材料完美相融合，延承经典的建筑比例和精致的细节，使得建筑立面效果历久弥新。

CSSC | NDRI 中船第九设计研究院工程有限公司
CHINA SHIPBUILDING NDRI ENGINEERING CO.,LTD

中船第九设计研究院工程有限公司是由原中船第九设计研究院改制而成，隶属于中国船舶工业集团公司。公司是一家多专业、综合技术强的大型工程公司，是从事工程咨询、工程设计、工程项目总承包的骨干单位，能承担多类大型项目的工程总承包业务。在中国创建世界第一造船大国中，承担着践行环渤海湾地区、长三角地区、珠三角地区的船舶工业规划设计"国家队"的角色。

公司已取得了国家有关部委批准的船舶、军工、机械、水运、建筑、市政、环保、城市规划等领域的工程设计综合甲级以及工程咨询、工程监理等多项甲级资质、房屋建筑工程施工总承包一级资质，具备了对外工程总承包、境外设计顾问及施工图审查的资质。

公司现有从业人员 1 000 多人，正式职工 750 多人，其中各类专业技术人员 700 多人（其中研究员 50 人、高级工程师 210 人、工程师 270 人、注册建筑师、注册结构师、注册造价师、注册监理工程师等各类注册工程师 380 余人。公司先后有 30 多名专家享受国家特殊贡献和特殊津贴，相继有 4 位工程技术人员获中国工程设计大师称号，1 位获中国工程监理大师称号。

公司将继承发扬中船第九设计研究院"经营是前提，质量是生命，技术是基础，人才是关键"治院方针，不断丰富"创新、拓展、诚信、敬业"的企业精神内涵，不断提高设计咨询能力，拓展工程管理、工程承包能力。公司将奋发努力，竭尽全力，为广大客户提供全方位服务，为国防工业和社会主义现代化建设做出新的贡献。

China Shipbuilding NDRI Engineering CO., LTD. was originally reorganized on the basis of the Ninth Design and Research Institute of CSSC, now under China State Shipbuilding Corporation. Being a multi-field large engineering company with strong technological background, we are committed to providing such services as engineering consulting, design and contracting for large projects.

We have awarded the Grade A Qualification for engineering design, consulting and supervision in 25 fields such as shipbuilding, machinery, military industry, architecture, municipal engineering, environmental protection, etc. We are capable of contracting, design consulting and detail drawing examining with and for foreign clients.

There are over 700 people working for the company with professional and technical specialists over 600 (including professors 31, senior engineers 210, engineers 190 and registered architects, structural engineers, certified cost engineers, and supervision engineers 320). And in succession there are 4 technicians and specialists who have been awarded the title of National Engineering Design Master.

We are dedicated to enrich the meaning of the spirit of "creativity, development, sincerity and dedication"; and improve our consulting, management and contracting capability. We are also devoted to providing our clients with all-round services and assistance, thus bringing forth new contributions for the national defense industry and socialist modernization drive.

创新、拓展、诚信、敬业

1. 秉承历史，继往开来

中船第九设计研究院工程有限公司（以下简称"中船九院"）始建于 1953 年，原隶属于第六机械工业部，是新中国成立后建成的第一批设计院之一。

1997 年改组后，隶属于中国船舶工业集团公司。为适应市场需要，公司在 20 世纪 80 年代从工业设计院转型进入民用设计市场，在民用建筑领域设计完成了博览、商业、办公、酒店、教育、科研、居住、规划和景观等各类项目，包括世博会中国船舶馆、新世界综合消费圈改造、月星家居综合商业、中交南方总部基地、青岛海西湾商务办公区、新发展万豪酒店、上海复旦大学光华楼、南通大学启东校区、上海市检测中心、河北省药检所、中科院上海物联网中心、上尚缘、湖畔佳苑、烟台养马岛观景平台、船舶产业及其配套园区规划、宁德市环东湖地区控规及火车站地区城市规划等项目，得到了广泛的好评。

2. 与时俱进，服务第一

近 60 年来，中船九院已完成了与市场的接轨，树立以"关注客户需求，为客户创造价值"为目标的企业经营理念。针对不同项目，不同客户需求，整合设计专业团队，以专业的技术水平和经验提供从设计阶段到施工阶段的一流服务，从而使得设计产品除符合客户的要求外，更承担起社会责任，创造具有经济性和社会影响力的建筑。

地址（Add）：上海市武宁路 303 号
邮编（Zip）：200063
电话（Tel）：86-21-62549700
传真（Fax）：86-21-62573715
Email: sxy@ndri.sh.cn
Website: www.ndri.sh.cn

3. 严谨务实，建造精品

"严谨务实，建造精品"是公司全体设计师共同的奋斗目标。中船九院的建筑设计并不单纯强调形式化的创意，不一味追求新奇的造型，而是更注重实现建筑价值的最大化，即在城市景观、场所空间、生态环境、使用价值、业主需求等多种条件之间寻求最佳解决答案。

设计针对每个项目的独特性与唯一性，用严谨务实的态度理性分析，力求用洗练的设计语言巧妙解决问题和矛盾，在创意、经济、美观、实用等各个方面实现最佳化。这种严谨务实的态度贯穿设计的始终，以对每个设计细节的执着追求打造建筑精品。

4. 执着创新，"产""研"结合

公司设计作品注重原创，针对每一个项目的独特性，以团队工作的模式，在富有创造力和激情的设计师带领下集思广益，以集体的智慧创新适合它的最好建筑答案。公司还极其重视科研，针对不同的项目，结合市场进行科研业务创新和学习，使得项目设计更具有前瞻性和科学性，从而为业主创造更大的价值。

奥克兰丽思卡尔顿酒店

项目地点：新西兰奥克兰市
项目功能：商业、酒店
总建筑规模：91 742m²
设计时间：2014 年
合作单位：BECA

作品简介

基地位于奥克兰市中心黄金地段，建于城市轨交线路的重要站点之上，东侧与 Albert 公园仅隔 3 个街区，西临城市电视塔，北侧远处便是绵延的海湾。建筑的塔楼高 220.55m，共 49 层，有 300 套客房。建成后将成为奥克兰市第一高楼。

1.2. 透视图

上海新世界大丸百货

项目地点：上海市
项目功能：商业
总建筑规模：118 206m²
设计时间：2010—2011 年
合作单位：冯庆延建筑师事务所（香港）有限公司

作品简介

项目地处上海最繁华的中华第一街——南京路步行街的东起点，地铁 2、10 号线在此交汇，并可直接进入综合消费圈内。

该项目平面环绕着一个开敞中庭进行布置，室内外空间互动，创造了良好的购物环境。中庭内设置了独一无二的贯穿 6 层的旋转自动扶梯，它成为商场内的独特风景。立面造型采用了欧洲古典的横三段、竖三段的构图手法，细部处理简洁现代，使其既具有欧洲皇家贵族的血统，也同时拥有上海海派文化的底蕴，既具有顶级品牌的奢华气质，也同时拥有上海现代流行的时尚品位。

江苏科技大学十里长山新校区

项目地点：江苏省镇江市
项目功能：综合大学
总建筑规模：590 000m²
设计时间：2013 年

作品简介

该项目位于江苏省镇江市主城区西南部十里长山高校园区内，最终规划学生人数为 20 700 人。新校区主要包括公共教学大楼、各学院楼、图文信息中心、体育训练中心、行政办公楼、研发综合楼、大学生活动中心、学生公寓、东西苑食堂、蚕研所科研办公楼、国防大楼及后勤及辅助用房等。

1.2. 鸟瞰图

金湖文化艺术中心

项目地点：江苏淮安市

项目功能：影剧院、档案馆、文化馆、青少年活动中心

总建筑规模：69 000m²

设计时间：2014年

作品简介

该项目位于江苏省淮安市金湖县城南新区，主要功能为多功能大剧院、档案馆、文化馆和青少年活动中心，布置有万人集会广场和若干市民活动广场，将满足未来市民文化活动以及重大城市庆典活动的功能需求。本设计取金湖特色文化"荷"为原型，捕捉出水芙蓉绽放瞬间的神韵，并用建筑的形象语言将其定格。

1.2. 透视图

马尾造船厂旧址保护利用修建性详细规划

项目地点：福建省福州市

项目功能：文化园规划

占地面积：38.62hm²

设计时间：2013 年

作品简介

马尾船厂是近代造船企业中唯一仍在原址继续造船生产的企业，有着历史和现状的双重优势。项目将建设以船政文化为核心，集主题旅游、会议会展、创意办公、教育科研、休闲娱乐于一体的历史文化主题公园——中华船政文化园。以"复兴"作为设计策略，从空间、文化、产业、生态多个角度复兴船政文化，同时在活体保护区保留部分船厂生产功能，延续仅存的船政文化实体。

1. 鸟瞰图
2. 入口广场

宁德师范学院体育馆

项目地点：福建省宁德市
项目功能：多功能体育馆
总建筑规模：9 955m²
建成时间：2014 年

作品简介

该体育馆位于宁德师范学院新校区南部的运动区，定位为国家单项比赛场馆（乙级），包含能容纳 3 000 座左右的主馆，附属用房及热身训练馆。既能满足国家单项比赛要求，又能作为平时体育教学、训练、学校庆典、展览、演出活动的场所。

体育馆延续了校园的脉络，并结合校园传统坡屋顶与现代平屋顶相融的建筑风格进行抽象化

利用，体育馆造型犹如一艘扬帆起航的艨艟，寓意"乘风破浪会有时，直挂云帆济沧海"。

1.2. 建筑外观

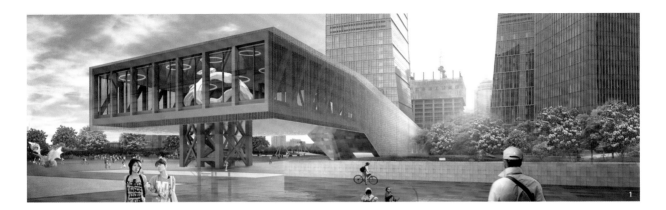

上海陆家嘴中心展览馆

项目地点：上海市
项目功能：展示
总建筑规模：1 500m²
设计时间：2014 年
合作单位：大都会建筑事务所（OMA）

作品简介

该项目位于浦东新区陆家嘴地区，该项目基地原为上海老船厂的下水船台。方案改造了部分船台，将整个建筑融入其中，形成与船台共生的整体。建筑呈"L"形建筑体量，面向黄浦江徐徐升起，为形成丰富多元的城市空间组合，展开不同的活动创造了条件。

1.2. 建筑外观
3. 鸟瞰图

养马岛莲花形玻璃廊道工程
项目地点：山东省烟台市
项目功能：景观塔
建成时间：2013 年

作品简介
该项目位于烟台养马岛西山湾景区中部偏东，距离
海平面约 20m 高，人行步道呈"莲花"形，在海面
上看分外醒目。柱子、地面和栏杆的外包在材料均
为透明玻璃，使游客的观景视野最大化。廊道地面
为四层夹胶钢化安全透明玻璃，游客可以径直看到
脚下海面的礁石，增加了观景的趣味性。建成后"莲
花夕照"成为养马岛的重要景观之一。

1. 建筑实景
2. 廊道

1. 校门
2.3. 建筑实景

仪征技师学院新校区
项目地点：江苏省仪征市
项目功能：教学、实训
总建筑规模：180 000m²
建成时间：2014 年

作品简介
该项目分两期建设,含教学、实训、办公、生活、体育运动、接待等功能。该项目以"廊、院、学、园"为设计理念,营造出传统精神与现代气息融合,适合师生交流、生态、高效的校园空间环境。设计采用"两轴、一环、一核"的规划结构,形成以图书馆为结构核心、纵向校园礼仪轴、横向校园文化轴、环形校园生态轴相交织的结构网络。

1. 建筑夜景
2.3. 室内实景

月星环球商业中心

项目地点：上海市

项目功能：办公、商业，酒店

总建筑规模：440 000m²

建成时间：2013 年

合作单位：Chapman Taylor 建筑设计公司（英国）

作品简介

项目位于上海市西区内环线以内，建筑物与三条轨道交通线零换乘，与地面、高架道路衔接通畅，是一座综合了商业、办公、五星级酒店、酒店公寓、高级公馆等功能的大型公共建筑。建筑及室内设计采用新古典主义与 19 世纪英国浪漫主义风格相结合的手法。落成后，它已成为上海西区的地标性建筑。

PM2.5与"绿色基础设施"

几年前大部分中国的公众对PM2.5为何物都懵然不觉。但2011年下半年起，全国多个城市天气频遭灰霾，当地环保部门公布的空气污染指数仍然一如既往地维持在"良"……由于公众对监测数据的普遍质疑，才揭开了PM2.5的神秘面纱。许多老百姓才恍然大悟——被简称为PM2.5的直径小于等于2.5微米的颗粒物，是造成灰霾天气的"元凶"，但一直未纳入中国的空气质量评价体系，对现在的中国这样一个经济增长速度最快的国家来说，似乎各种环境问题都同时出现了，包括PM2.5在内的空气污染、水污染、土壤污染……如何在环境保护与发展现代经济之间找到一个平衡点？能否形成一种兼容并进的发展趋势？如何不让环境污染成为经济发展的必然结果？建设"美丽中国"已经成为国家的目标，但究竟何为"美丽中国"？如何实现？这些都将考验城市决策者和管理者的决心和智慧。

在此背景下，从风景园林的专业角度，很有必要好好研究和讨论一下近年来引起国内外专家学者们普遍关注的"绿色基础设施"概念。虽然目前"绿色基础设施"是一个新术语，欧美专家都有不同的理解和定义，但其基本的含义大致是相同的，即：绿色基础设施是城市、城镇和广大的乡村地区的实体环境，包括公园、林地、水体、乡村、牧场等等所有的环境资源。要系统解决城市结构、城市环境等问题，必须依靠一个整体完备的绿色系统，绿色基础设施作为城市基础设施的一个重要组成部分，就是解决今天各种城市问题和环境问题的重要系统化途径之一。因此，PM2.5的治理，除了政府加强环境治理和监管，还需城市产业转型、发展绿色低耗产业、发展城市公共交通、减少汽车尾气排放等，更多地应该是加强城市绿色基础设施建设、更多地应该是探索城市空间与环境问题的系统化解决途径。这将会是一个耐人寻味的命题，这也将更多考验从事风景园林专业人士的智慧和水平。

结合上海的实际情况，笔者有以下三点想法和建议：

第一，在观念上要真正认识推进"绿色基础设施"建设在解决PM2.5中发挥的重要作用，从城市总体规划布局的角度研究如何优化城市的布局。

第二，强化城市绿地系统规划，通过绿色基础设施的建设，构建多个网络化的绿色空间，确保整个城市的生存空间。

第三，绿色基础设施是一个整体综合的概念，需要多领域多专业的协同叠加来构建。

地址（Add）：上海市新乐路 45 号
邮编（Zip）：200031
电话（Tel）：86-21-54043588
传真（Fax）：86-2154041202
Email：ylsjy@shlandscape.com

节能的城市系统：包括布局合理的城市副中心、缩小城市街区的尺度、发展轨道交通、鼓励自行车出行等，最大限度减少机动车的尾气排放，最大限度减少食物等各种生活用品在重复运输过程中多增加的能耗。

立体的绿色系统：通过增加各种类型的绿地、林地、湿地、农地，形成立体化的绿色系统，要在城市建成区最大限度地增加各种绿量来吸附、缓解、降解 PM2.5。

循环的水资源系统：要增加城市的河流、湖泊、湿地等各级水系的表面积，通过水分的垂直蒸发不断稀释 PM2.5 的浓度。

通畅的导风系统：继续推进上海的外环线绿化带建设，在市域主要河流规划建设各种类型的滨水绿化带、林带、水源防护林、水源涵养林、生态林；沿高速公路、国道规划道路绿化带，形成层次丰富的绿道系统。

专业的配套系统：根据不同的污染源、不同成分的 PM2.5，选择相对应的城市绿地、防护林带的树种配置、林带结构、配置方式、不同树种的有效组合等。研究、引进、培育一批对 PM2.5 颗粒物吸附量相对较大的树种。

其实，国内外同行已经在"绿色基础设施"的具体实践上作了积极有益的尝试和探索，这些案例既有宏观层面的城市区域规划，也有结合具体单个项目的绿地实践。如："上海新江湾绿色生态的恢复与重建"项目就在上海城区公园绿地建设中首次系统地、明确地提出了生态"保育"与"恢复"的概念，采用保护、保育、恢复、修复和部分重建的技术措施，在总体规划上形成网络状的区域生态骨架体系，将绿色空间与水体空间紧密结合并与人居空间相互渗透，取得了良好的生态效益和景观效益。该实践也赢得了国内外同行的高度关注，已获得全国优秀工程勘察设计一等奖、IFLA 亚太区土地管理主席奖等国内外专业奖项。又如："福建泉州五里桥（安平桥）建筑文化遗产保护与生态环境恢复"项目的研究与实践，就在建筑文化遗产的保护、周边自然环境的修复、市民游憩空间的拓展等方面考虑了三位一体的总体规划，在传统建筑遗产保护与生态环境建设有机融合等方面作了积极有益的尝试。

（朱详明）

上海新江湾城公共绿地景观设计
项目地点：上海市
项目功能：公园
面积指标：25.3hm²
设计时间：2008 年
获奖信息：
2009 年 IFLA 亚太区土地管理类（一等奖）
2011 年度全国优秀工程勘察设计奖金奖（已公示）
2009 年度全国优秀工程勘察设计行业奖（一等奖）

作品简介
根据生态规划，新江湾城的景观构架包括新江湾城
公园、生态走廊及其过渡段、主题绿地、林荫大道
以及防护性绿地等，每一景观区域都有其特殊功能
和生态特征，形成从城市到公园再到自然的有序过
渡和景观特色。在"尊重自然，保护生态"、"弘扬
自然、再造自然"的景观设计原则指导下设计运用
生态保护和生态修复的措施，设立空间上连续的自
然保护区，建设生态廊道，形成完整的绿地系统，
有效保护和统筹兼顾各类资源，并通过保护、修复
和展示，永葆新江湾城的自然生态环境。

1. 公园中心湖景区鸟瞰
2. 区位图

3. 生态保育区生态小木桥

4. 建筑临街立面（西立面）

5. 与周围环境相得益彰的茅草亭

6. 汀步和丰富的水生植物

7

7. 生态展示馆二层陈列厅玻璃幕墙上的历史地图及
　　鸟类标本
8. 野趣横生的水面
9. 生态展示馆建筑临湿地立面望园内湿地风景
10. 中央公园鸟岛

福建泉州五里桥文化公园

项目地点：福建省泉州市

项目功能：公园

面积指标：70hm²

设计时间：2009年

获奖信息：

2013年IFLA亚太地区土地管理类（一等奖）

2013年度上海市优秀工程勘察设计（一等奖）

2012年度上海市优秀工程咨询成果（二等奖）

作品简介

将本项目定位为"一座以城市历史文化遗产与生态环境恢复为主要特征的生态文化公园"。保护与恢复是本案的基本原则，城市历史文化遗产保护与生态环境恢复是本公园的两大特征。在规划上提出了"三位一体"的设计方法与研究策略，包括遗产保护策略、生态恢复策略、游憩空间塑造策略等。

面对该项集文化生态公园建设、历史文化遗产保护、生态环境恢复、水体治理于一体的复杂工程，该项目组建了包括政府管理人员、景观设计师、生态学家、生物学家、文物学家等多专业专家的规划设计团队，运用科学矢量化的环境调研监测方法。项目中采用的生态水处理技术治理高盐碱度水体污染的办法，对整个福建地区乃至全国沿海地区河流咸淡水污染水体的生态修复有重大的指导意义。

1. 主入口两侧的浮雕

2.4. 传统元素与现代材料结合的景观台

3. 公园南入口林荫广场

5. 水上栈桥

6. 拱桥

上海辰山植物园

项目地点：上海市

项目功能：公园

面积指标：207hm²

设计时间：2005 年

获奖信息：

2012 年加拿大风景园林学会优秀设计奖

2012 年度全国工程建设项目优秀设计成果奖(一等奖)

2011 年度全国优秀工程勘察设计行业奖（一等奖）

作品简介

上海辰山植物园位于松江区佘山国家旅游度假区内，该园作为上海的第二个植物园与已建的上海植物园形成优势互补。辰山植物园充分挖掘辰山地区城市空间环境资源，以植物为基底，构建辰山植物园山水特色框架，将植物园建设与城市经济发展紧密关联。通过自然、历史、文化资源的保护、利用与景点建设相结合，形成城市绿色空间网络特色。

植物规划体现植物收集保护的科学性和植物区系的地带性。辰山植物园是以展示华东植物区系和上海地区地带性植物为主要特色，在原有植被的基础上，利用辰山山体和两侧环抱地势形成的良好的小气候环境，以迁地保护和生态恢复设计为主要手段，通过科学合理的配置、收集、展示华东区系内的植物。重点保护展示本体系内的珍稀、濒危植物和国家级保护植物。形成多个特色景观专类园。

1. 主景
2. 花桥
3. 向日葵花田大地景观
4. 绿地

上海建筑设计研究院有限公司
Institute of Shanghai Architectural Design and Research Co., LTD.

上海建筑设计研究院有限公司（原名上海市民用建筑设计院）成立于 1953 年，是一家具有工程咨询、建筑工程设计、城市规划、建筑智能化甲级资质的综合性建筑设计院，也是中国乃至世界最具规模的设计公司之一，被评为建筑设计行业"高新技术企业"，通过国际 ISO9001 质量保证体系认证，在国内外享有较高的知名度。累计完成 2 万多项工程的设计和咨询，作品遍及全国 31 个省市自治区及全球 20 余个国家和地区，其中 700 多项工程设计、科研项目、规范标准获国家、建设部及上海市优秀设计和科技进步奖。60 年的积淀与发展将上海院的历史与国家、城市发展的各个时期紧紧联系在一起，在新中国建设史上留下了一页页骄人篇章。

Institute of Shanghai Architectural Design and Research Co., LTD. (formerly Shanghai Municipal Institute of Civil Architectural Design),founded in 1953, is a comprehensive and architecture design institute qualified for rendering such services as engineering consultancy, architecture project design, city planning, building intelligence design, and known as one of the leading design companies in China and the world at large. Our company, a "high-and new-tech enterprise" of the architecture design sector, has been certified as compliant with ISO9001 quality guarantee system and enjoys high prestige both at home and abroad. So far we have accomplished over 20,000 projects in design and consultation, which are spread over 31 provinces domestically and over 20 countries and regions overseas. Of them more than 700 design projects, research projects, codes and standards are awarded by the State, the Ministry of Construction, and the Municipality of Shanghai under names of Outstanding Design and Scientific Research Progress. With60 years' experience and development, it has combined itself closely with different periods of national and urban development, having obtained brilliant achievements in the China's history of construction.

不断创新设计思想

　　上海建筑设计研究院有限公司（以下简称"上海院"）自 1953 年成立至今已经走过了 62 个年头。半个多世纪来，随着国家各个时期政治、经济、文化技术的发展和进步，特别是改革开放 30 年来，城市建设的飞速发展给予我们难得的机遇，期间上海院设计了大量代表各个时期的优秀建筑作品，在提升城市形象的同时，也显示卓越的建筑工程设计水平。

　　我们秉承"精心设计、勇于创新"的发展方向，借鉴国内外建筑设计公司的先进管理、经营理念，不断实践着自我完善、自我突破的发展过程。确立了医疗建筑、体育建筑、酒店建筑、文化建筑、办公建筑、商业建筑、会展与博览建筑、教育建筑、优秀历史及保护建筑改建、住宅建筑等核心设计领域，领航业界；同时还致力于绿色与节能建筑设计技术、BIM 设计、工业化设计、大跨度大空间及新型结构设计研究、超高层结构设计研究、智能化系统设计研究、低碳和可持续发展的城市研究，并设有专业研发团队，提供咨询和设计服务。62 年来，上海院累计完成 20 000 余项工程的设计和咨询，成果遍布全国及全球十余个国家和地区，其中有近千项工程设计、科研项目和标准设计获"詹天佑大奖"等国家建设部以及上海市的优秀设计及科研进步奖。同时，编撰完成各类规范百余项、各类标准图 20 余项，拥有著作权的各专业软件 10 余项。

　　我们不断创新设计思想，将一批又一批原创新作展现在大家面前，凭借上海院出色的设计、优良的服务，创建了良好的社会影响，获得了业主及建筑业界的肯定和好评。

　　经过半个多世纪的历练，我们在积累了丰富的设计经验的同时，更培养了一大批掌握先进设计理念和设计技术的建筑、结构、机电等各专业骨干人才，形成了由工程院院士、国家设

地址（Add）：上海市静安区石门二路 258 号
邮编（Zip）：200041
电话（Tel）：86-21-62464308
传真（Fax）：86-21-62464208
Email：siadr@siadr.com.cn
Website：www.siadr.com.cn

计大师领衔的，技术全面的人才梯队。我们将遵循〝精心设计、
热情服务、诚实守信、勇于创新〞的目标，与时俱进、不断进取，
用我们的设计竭诚为业主服务，向社会、向城市奉献更多的优
秀建筑作品。

上海辰山植物园

项目地点：上海市

项目功能：展览展示

总建筑规模：62 000m²

设计时间：2006 年

合作设计：德国 Auer+Weber 公司

作品简介

上海辰山植物园建设目标是一座物种丰富、功能多样、具有世界一流水平的国家植物园，是中国 2010 年上海世博会让绿色来演绎"城市，让生活更美好"主题的配套工程。

整个植物园包括主入口综合建筑、科研中心、温室建筑三大主体建筑和专家公寓、滨湖饭店、滨水服务设施、植物园维护点和登船码头等附属建筑。

温室建筑是整个植物园的亮点和标志。温室建筑的建筑形态独特，弧形的大跨度铝合金空间结构形式，三角形分块的双层夹胶玻璃覆盖，轻盈通透。三个温室利用可再生的能源，采用独立分区的智能环境控制系统，突出单个温室的环境条件，种植来自世界各地的奇花异草。

1. 鸟瞰

2. 温室室内

3. 接待楼

4. 楼梯入口

5. 温室入口

无锡大剧院

项目地点：江苏省无锡市
项目功能：观演
总建筑规模：62 918.6m²
设计时间：2009 年

作品简介

无锡大剧院位于中国无锡市南部的太湖新城，地处五里湖之滨，基地呈半岛形伸向水面，南邻金石路，西侧为蠡湖大桥，东侧即将建为轨道交通站点，北向可沿湖远眺老城区。

大剧院表演区由一个 1 680 座的大剧院和一个 700 座的综合演艺厅组成，具有可上演歌剧、戏剧、舞剧、大型综艺、芭蕾、交响乐、室内乐、实验剧、流行乐、时尚秀等多项舞台功能。

该项目按照无锡市政府要达到的"国内一流标准、无锡新城地标、高雅艺术殿堂"目标，建成后将成为无锡太湖新城最重要的新文化建筑。

1. 鸟瞰

2. 建筑实景

3. 剧院室内

4. 前厅

厦门国际会议中心

项目地点：福建省厦门市
项目功能：度假酒店、会议中心
总建筑规模：140 905m²
设计时间：2005 年
合作单位：（株式会社）日本设计

作品简介

本项目地处厦门岛南半部分的东端，可眺望金门诸岛。
酒店为滨海型休闲度假酒店，平面拥有柔缓的曲线形
状，立面设计则以波浪为主题。
国际会议中心功能及建筑格局主要可分为会议中心与
宴会中心两部分：会议中心包括各类会议厅、辅助用房
及设备用房；宴会中心主要由主宴会厅、宴会厨房及配
套设备用房等组成。

设计强调建筑形态与体量以突出其空间特点，使其成为
厦门市东部城市副中心的新标志。建筑轮廓线与环岛路
波浪形绿地相结合，以厦门的"海、风、浪、阳光和空
气"为创意主题，通过对曲线的积极运用和细腻的处理，
体现既有厦门风情又具备形态冲击力的建筑景观。

1. 建筑全景
2. 室外泳池
3. 建筑全景
4. 会议中心室内
5. 会议中心前厅
6. 会议餐厅

上海临港新城皇冠假日酒店

项目地点：上海市
项目功能：度假酒店
总建筑规模：69 196m²
设计／建成：2008/2012 年

作品简介

上海临港新城皇冠假日酒店位于上海市临港新城主城区滴水湖的南岛，为多层高档度假酒店，设有酒店区、会议区、餐饮及其他配套娱乐休闲设施，设计充分利用并突出了度假酒店的环境特色。

酒店平面设计呈五片环绕于中心的花瓣形状，造型优美、独特。利用南岛的地形特点，将建筑临滴水湖处的室内外空间与壮观的湖景融于一体。

建筑形体由球形大堂空间和五个双曲面叶状体组成，

外墙材料以玻璃和陶土板混合幕墙为主，富有变化的双曲面立面和曲线形屋面，形成界面上的虚实对比，体现现代建筑的仿生理念，增强了建筑的独特性与亲和力。

1. 建筑实景
2. 花园
3. 室内公共区域
4. 鸟瞰
5. 门厅

宁波象山希尔顿度假酒店

项目地点：浙江省宁波市
项目功能：度假酒店、会议中心
建筑规模：110 455m²
设计／建成：2011／2013 年
合作单位：WATG

作品简介

宁波象山希尔顿度假酒店位于浙江省象山县，项目定位为健康、保健、放松身心为主的休闲度假旅游建筑。由一栋五星级度假酒店，一栋养生中心，12栋园林式客房组成，基地三面环海，依山而建，视野开阔，位置得天独厚，环境优美，交通便利，是旅游度假宾馆的理想用地。

根据基地条件，建筑群体依山傍海，就势而建，精心布置，营造建筑与环境的和谐。郁郁葱葱的绿化遮挡着建筑，使之环境中有建筑，建筑中有绿化。体现了现代生活与山景和海洋文化有机结合的特点。内部空间充分利用海景的优势，采用借景的手法，精心设计内部空间。使之建筑内外交接变化，打破了传统建筑内部空间的平淡乏味的印象，明亮活泼，绿意盎然。空间关系上，打破传统的几何对称布局，利用山体基地的特点，巧妙运用对比、衬托、尺度、层次等种种造园技巧和手法，营造一个优雅自然的景观环境。

立面造型立意为一个即将远行的船帆，将酒店的入口处设计寓意为船头，即将杨帆出海；建筑的两翼，寓意为船舷，迎风满鼓，体现了海边的浪漫情怀。充分体现出建筑的时代感和独特鲜明的个性。

1.2. 鸟瞰图
3. 建筑外观

上海国际金融中心

项目地点：上海市

项目功能：办公、金融

建筑规模：300 000m²

设计时间：2013 年

合作单位：Murphy/Jahn（方案及扩初设计）

作品简介

上海国际金融中心位于上海市浦东新区，包含三栋超高层建筑，分为"上交所区"、"中金所区"、"中国结算区"、"公用区"等四个功能区。公用区内设置中国证券期货博物馆、上市公司博览中心、国际板展示中心、投资者教育中心、媒体中心、上海金融交易广场等公共开放区。

设计以"金融之门"为主旨，以共同的建筑类型和幕墙系统为基础，力求创造一个鲜明的总体形象，同时又赋予每家金融机构独特的标志性。建筑群造型简洁精致，技术先进，为整个浦东金融区注入了新的活力。

1. 正立面
2. 透视图

东风饭店保护与修缮（上海外滩华尔道夫酒店）

项目地点：上海市
项目功能：酒店
建筑规模：9 338.23m²
设计／建成：2008／2011 年
合作单位：HBA 联合酒店顾问有限公司（室内设计）

作品简介

上海外滩建筑群中重要组成部分，中山东一路 2 号的东风饭店，建成于 1910 年，原名"英国总会"，现称"上海外滩华尔道夫酒店"，是全国重点文物保护单位。

本次保护修缮遵循完整性、真实性、可识别性等原则，尊重历史，精心保护修缮，合理利用。

完整保护修缮大楼外立面，参照 1916 年历史形式修缮复原入口大雨篷。完整保护修缮门厅、大堂、宴会厅、餐厅、弧形大楼梯等公共空间格局和特色装修，恢复使用原有笼式铁栅开敞电梯。按历史资料复原底层"远东第一长吧"等特色家具及装修等。优化客房层布局，完善酒店功能及交通流线，全面提升酒店的舒适度与现代化程度。

1. 建筑外观
2~5. 室内

和平饭店修缮工程

项目地点：上海市

项目功能：酒店

建筑规模：36 000m²

设计 / 建成：2007 / 2010 年

合作单位：A.A.I 国际建筑师事务所

作品简介

和平饭店（北楼）（原沙逊大厦）作为一家享有国际盛誉的经典豪华酒店，是上海外滩建筑群中的重要代表性建筑。和平饭店（北楼）保护修缮的目标：总体环境彻底修缮整治，完整保持原建筑风格；内部重点保护部分完整展现历史原貌，最大可能地保证建筑原真性和完整性；提高酒店设施水平和客房舒适度，结合新楼理顺酒店各内外流线。

1. 建筑外观
2. 八角厅
3. 客房室内
4. 走廊

中国航海博物馆

项目地点：上海市
项目功能：博物馆
建筑规模：46 434m²
设计/建成：2008/2010 年
合作单位：德国 gmp 国际建筑设计有限公司
（方案及建筑结构扩初设计）

作品简介

中国航海博物馆位于上海市临港新城中心区，是我国第一家国家级航海博物馆。项目由一个两层基座和两个侧翼建筑构成，两个侧翼之间是一个帆形的大型壳体结构，约 70m 高，在造型上模仿了大海中航行帆船的风帆。帆体结构为国际领先的弹性边界索网结构。

项目以"航海"为主线，以"博物"为基础，由若干展区、球形天象馆、电影院和学术报告厅等功能组成。参观者从北广场大台阶进入入口层，一层、二层为主要的展示区域，通过中央共享大厅的自动坡道联系。二层的中心区域中央帆体形成一个巨大的上升空间。各个展览楼层视线可互相交流，形成了流动的内部空间。在建筑 6m 及 12m 处均设置了活动平台，既满足参观人员的疏散需要，又是人们室外活动参观的场所。中央的帆形壳体为大型船体提供展示空间，同时以其独特的造型成为临港新城的区域标志。

3

1~3. 建筑外观
4. 室内

4

上海港国际客运中心

项目地点：上海市

项目功能：交通枢纽

建筑规模：60 531m²

设计 / 建成：2008 / 2011 年

合作单位：

美国 Francisrepas 建筑设计事务所

美国 Weidlinger Associates 结构设计事务所

英国奥雅那 (Arup H.K.) 工程顾问公司

作品简介

上海港国际客运中心位于上海市虹口区，属黄浦江金三角的北外滩地段。北靠东大名路，西接虹口港，东邻高阳路，南临黄浦江，对岸是气势恢宏的陆家嘴金融贸易开发区。

本工程由全新的办公大楼、候船楼、客运中心、宾馆、商业、餐饮、购物休闲的建筑群所组成。设计以地面与地下两个层次作为发展平台逐步展开。地面结合江岸以绿地为主展开景观画卷，地下则完成城市交通功能性布局。

1. 候船楼外观

2. 建筑外观

3. 室外景观

4~7. 候船楼室内

华山医院北院新建工程

项目地点：上海市

项目功能：医院

建筑规模：72 187m²

设计时间：2009 年

作品简介

结合基地情况分为门急诊医技区、住院区、感染区、行政科研区四部分。集中式的建筑布局紧凑合理，流线便捷。医技部作为核心，为各功能区提供技术支持，资源共享。580 床住院楼设置于门诊医技楼北侧，横向的两单元布置采用板式布局形成展开的空间界面争取了最大的采光面，提高住院部的环境质量。20 床传染病楼位于基地的西北角，基地下风方向。行政综合楼在基地东北侧，位置独立，避免各种人流的交叉。

1. 建筑外观
2. 远景
3. 近景

静安区新福康里一期

■项目地点：上海市
■项目功能：住宅小区
■总建筑规模：112 086m²
■设计／建成：1997/2000 年

作品简介

新福康里位于静安区，属旧城成套改造项目，设计
继承上海近代里弄建筑文化，创造新颖的现代居住
空间环境。总体规划保留原四排里弄的布局形式，
南低北高，对外相对封闭，内部开放，环境安静，
中央有近 8 000m² 的架空绿化活动场地，扩大了传
统里弄内的交流空间，形成浓郁的社区邻里感。立
面细部精致，是在新居住区内探求上海里弄建筑地
域文化的尝试。

1

2. 建筑外观

2

无锡医疗中心（图1）
项目地点：江苏省无锡市
项目功能：医院
建筑规模：221 055 m²

无锡市人民医院（二期）（图2）
项目地点：江苏省无锡市
项目功能：医院
建筑规模：119 997.8m²
设计／建成：2009／2013 年

上海市质子重离子医院

项目地点：上海市

项目功能：医院

建筑规模：52 857m²

设计时间：2012 年

作品简介

上海市质子重离子医院位于浦东新区国际医学园区内，是一所现代化放射肿瘤学治疗和研究机构。

本项目的核心部分为放疗区，首次整套引进国际先进的质子重离子治疗装置。设计有效解决了装置对建筑不均匀沉降、微振动等极高的控制要求。

根据放疗系统的工艺要求，结合总体规划，采取相对集中的建筑布局，确立东西向的景观主轴及南北向发展轴。医院的四大功能区组成核心医疗区，充分利用地下空间，布局紧凑。各功能区以南北向为主要朝向，以获得良好的日照和通风。

立面设计通过对质子重离子放疗区建筑实体的弱化、整合及表面质感处理，使建筑群在协调中富有变化。

1.2. 内景

3. 入口

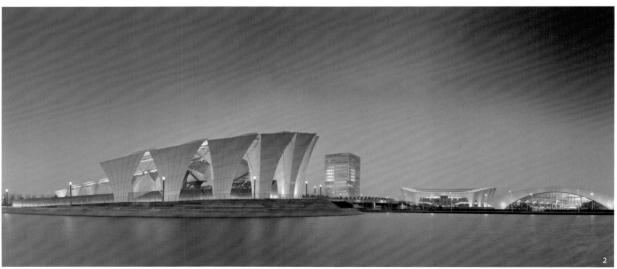

上海东方体育中心

项目地点：上海市

项目功能：体育

建筑规模：163 800m²

设计 / 建成：2009 / 2011 年

合作单位：德国 gmp 国际设计建筑有限公司

作品简介

上海东方体育中心位于浦东世博地块延伸段的黄浦江畔，环境优雅、造型独特、设施先进、功能完备，具有众多时代高新科技特征，基本具备承办国内外综合性体育赛事的能力，是国内一流的综合性体育中心。项目的建设不仅满足了作为 2011 年世界游泳锦标赛比赛场地的需要，更是为上海以后承接国内外高标准的运动盛会在硬件上奠定了坚实的基础。

水体作为一个元素以湖的形式连接了综合体育馆、游泳馆、室外跳水池和新闻服务中心。综合体育馆、新闻服务中心建筑被规划在 11m 高的平台上，坐落在湖面上。在北面一条轻缓蜿蜒的岸线 环绕着圆形的主体育馆，在南面的笔直岸线则来源于长方形的游泳馆。建筑体间由桥和水体连接。

项目的综合体育馆设置座位 18 000 个，游泳馆内设置座位 5 000 个，另外还有一个 5 000 座位的室外跳水池和一座独立的新闻中心。

1.2. 外景

3. 室内

4.5. 外景

1.2. 外景
3. 全开放的屋顶
4. 鸟瞰

上海旗忠森林体育城网球中心

项目地点：上海市
项目功能：网球馆
建筑规模：41 350m²
设计 / 建成：2003/2005 年
合作单位：株式会社环境设计研究所（日本）

作品简介

上海旗忠森林体育城网球中心主体建筑功能布局清晰、简洁，交通组织合理，在安全性、快捷性、舒适性等方面达到最优。

网球中心为全天候的高标准网球赛馆，其规模为亚洲最大。其可开启的屋面直径长 144m，由 8 片"叶瓣"组成，造型美观，堪称世界上唯一，在开启面积、开启方式、开启形态上都独具特色，给设计工作带来了极大的技术挑战。该场馆的特点在于多功能性，除了能举办世界最高级别的网球比赛外，它也是一座具有世界一流水准的多功能比赛场馆。

3

4

沈阳奥体中心体育场工程

项目地点：辽宁省沈阳市
项目功能：体育
建筑规模：103 992m²
设计 / 建成：2006 / 2007 年
合作单位：日本佐藤综合计画

作品简介

沈阳奥林匹克体育中心是沈阳市为 2008 年北京奥运会足球沈阳赛区而规划建设的重点体育设施项目。

椭圆形平面，采用成熟的立体及平面分流体系。除普通观众外的贵宾、运动员、裁判员、媒体、工作人员在一层形成各自功能体系。观众看台中部为环绕全场一周的约 100 个包厢夹层及公共卫生间等功能用房。

飞扬的屋面最具识别特征：全长 350m，由玻璃及金属构成，寓意授予胜利者的带橄榄叶的王冠。屋面材料适应气候变化，有效调节光、热、风的影响，创造出理想的竞技环境。体育场大屋顶曲线柔和舒缓、个性独特，仿佛从天空飘落到绿色山丘上的轻盈翅膀，与人工的地面相接，并与周边的绿色环境相互协调。

被命名为"天空漫步廊"的二层开放式环形大厅，为由玻璃和金属所构成的拱形屋顶所覆盖，作为市民的交流场所，对观众和来客开放。

1. 鸟瞰

2.3. 外景

4. 内景

贵阳山语城居住区项目详细规划

项目地点：贵州省贵阳市

项目功能：商业、居住

总建筑规模：1 800 900m²

设计时间：2008 年

作品简介

规划地区位于城市南拓发展的花溪片区西部地带，花溪大道、贵黄路交汇点的西南侧，与主城核心区交通联系便利。用地基本状态为山地丘陵地带，根据用地的建设条件、周围环境及现状，结合道路及自然地形，确定地块整体规划结构为"一中心、两轴"，"一中心"在太慈桥花溪大道与车水路、玉厂路交汇处布置居住区公建、商业、贸易、金融用地形成居住区中心。两轴：主轴——花溪大道为主要发展轴，沿路合理布置建设用地；次轴——沿南明河和小车河两侧进行绿化景观改善，形成居住区景观轴线。

1. 鸟瞰图

2. 总平面图

2

汉嘉设计集团股份有限公司
HANJIA DESIGN GROUP CO.,LTD.

汉嘉设计集团股份有限公司成立于20世纪90年代初，于2007年正式变更为股份制公司。公司经营机制灵活，拥有一支富有朝气的高素质设计师队伍，年产值已连续多年居浙江省建筑设计行业首位，是浙江省内建筑设计行业的龙头企业。2009年，公司被中国勘察设计协会评选为"优秀民营设计企业"。2014年，公司入选中国工程设计企业60强。

公司职工总人数1400余人，专业技术人员占全公司总人数的95%以上。其中，中、高级技术人员占75%以上，各类注册工程师有200多名。

集团总部在杭州，同时在上海、厦门、北京、成都、南京、济南、合肥、昆明、重庆、西安设有分支机构。公司将通过实施"全程化"、"专业化"、"信息化"发展战略，提高公司核心竞争能力，将公司打造成为国内一流的连锁设计集团，努力成为我国建筑设计领域第一品牌。

Hanjia Design Group Co., Ltd. was established in the early 1990s and was changed to joint-stock company in 2007. The company adheres to its policy of flexible business operations, it has a vibrant team of highly qualified designers. The annual output value has rank first of architectural design industry in Zhejiang province for many years, it was the leading enterprises of architectural design industry in Zhejiang province. The company was named the "outstanding private design enterprises" by the China Exploration & Design Association in 2009. It was the top 60 of China engineering design enterprises in 2014.

There are over 1400 staffs in the company, 95% of them are the professionals. The middle and senior technical staffs are about 75%, more than 200 staffs are various registered engineers.

The Group is headquartered in Hangzhou, also set up branches in Shanghai, Xiamen, Beijing, Chengdu, Nanjing, Jinan, Hefei, Kunming, Chongqing and Xi'an. The company will implement the development strategy of "one-stop services", "professionalization", "informatization", improve company's core competitiveness, make the company become a first-class chain design group and the first brand in architectural design field in China.

让作品跟上时代步伐

汉嘉设计集团股份有限公司作为国内大型民营建筑设计公司，拥有千余名专业设计人员，承接着大量的民用建筑设计业务，设计范围几乎涵盖了民用建筑所有各专业领域。可以说在多年的积累中对特定地域的城市面貌起着一定的补充作用，同时其自身的快速发展也成为中国近三十年高速城市化进程的一个缩影。作为其中的一员，我们在忙碌之余也始终保持着对城市设计、建筑设计领域新方法、新思潮的关注，力求把握专业发展趋势，让我们的作品跟上时代的步伐。

近年来随着国内城市规划、建筑设计领域对城市发展趋势的反思和讨论的深入，无论决策者还是设计者都就怎样设计城市、经营城市、体验城市表达着不同的声音。对此我们也在思考：在进入互联网时代的今天，人们究竟需要怎样的城市？未来的城市是否还需要高度集聚？真正的绿色生态化智能城市何时到来？届时建筑的角色又如何转变？当然，未来很难预测，就像三十年前预测今天一样。但就目前来讲我们认为中国的城市首先要做的就是回归，回归其构成的第一主体是人，关注大多数人的真实生活，关注其精神层面的感受，在物质上从过去注重纪念性形象的建设转变为对生活空间内涵的经营，在感受上从统一化的震撼冲击转变为多样化的平实浸润。

从设计层面上讲，我们推崇建立在功能混合化基础上的城市界面的多样化和开放化，而这一点首先应建立在较小尺度的街区划分上，大量尺度宜人的街道、广场等城市留白空间是生动活泼的城市界面的工作基础，以进退有致、高低错落、疏密相间的建筑组群，结合优越的绿化景观共同培育富有浓郁生活气息的交流场所，而达成这一愿景的前提是基于成熟完备的城市设计之上的街区划分、红线约束及科学的分析，以此引导设计者营造鲜活的街区生活景象。

我们看到现代都市的高度集聚造成了各类公共资源的高度紧张，与城市及建筑设计有关的诸如公共交通、集散场地、绿化景观等公共资源的紧缺也经常成为饱受公众诟病的焦点，对此我们的改良策略是提倡资源高度共享，在互联网智能化管理模式下，打破用地红线的条块分割，避免地库坡道、消防车道的重复建设，大规模联通地下空间；消除围墙，解放碎片化、封闭化的绿化景观、集散场地，以公共道路为脉络将其联系起来形成共享化、步行化的公共景观带，使其与地下空间、地铁站、公交站、商业等各类功能节点充分链接，并辅以多层次的风雨

资深建筑师团队：
崔光亚、陈辉、朱永康、沈强、董菁、方立、方云青、朱甄民、邵媛英
蓝显锋、许屹中、巢庭悠、卢忠、边挺、熊海明、李永东
严云鹤、段伟、王磊、马玉庆、苗刚、巴特尔、张少峰、钟宁、熊小波、宋子华
来宇红、武跃、严鹏

地址（Add）：浙江省杭州市湖墅南路 501 号迪尚商务大厦南楼
邮编（Zip）：310005
电话（Tel）：86-0571-89975177
传真（Fax）：86-0571-89975173 / 89975174
Email：hjsj@cnhanjia.com
Website：www.cnhanjia.com

连廊，鼓励步行，繁荣商业，营造丰富多彩、活力四射的城市空间。以上这些在很多发达国家的城市都有实现，并非新鲜事物，而国内则囿于现有管理模式、思想观念的羁绊少有实践，这可能是未来中国城市设计中面临的最现实课题。

如果城市是一个活着的有机体的话，那么建筑就是活跃其中的细胞，它们共同构成了人们脑海中的城市印象。漫步于市井之中人们很容易观察到建筑众生相，它们各有黑白明暗、贵贱美丑，与城市的关系亦亲疏向背，不一而足，似乎很难从中找出变化的规律，这也是我们的城市管理者、设计者们多年来一直试图改变的一点。但我们认为也许城市的面目本该如此，有协调也有对比，有张扬也有含蓄，城市有其自身的发展轨迹，过多的人为干预只会适得其反，在城市建设中不能假借协调的名义抹煞形式的多样性。对此我们倡导高水平的丰富多彩而不是低劣的杂乱无章，建筑设计师应保持专业个性，把握城市界面跳动的节奏，明确设计定位，做好城市建设的填空题。

近年来有关地域性建筑设计观念的讨论异常热烈，推动实践的愿望也很迫切，很多人甚至认为这是未来推动中国建筑发展的不二之选。对此我们应当冷静地看到大量的城市建筑不可能依靠某些人、依据某项原则就能脱胎换骨，地域性毕竟也只是建筑各项属性中的一项，我们要警惕对其片面化的狭义理解，避免简单化、符号化的外在包装，避免落入另一种趋同的陷阱。

作为一家大型设计公司的职业建筑师，平日接触大量性建造项目的机会很多，在工作中我们努力追求高水平的建成效果，同时也时刻关注国外优秀同行的作品，从中发现差距，奋力追赶。但是在日常的实践中我们尴尬的发现，设计中孜孜以求的美好景象最终要面对的是捉襟见肘的造价和长期停滞不前的施工工艺，对此想必国内同行都有同感。而面对这种现状我们必须去适应，建筑设计不是绘画，不能成为空中楼阁，不能脱离实际，一个完整的设计周期就是从天马行空的想象到逐步的修正落实的过程。对于大多数项目，我们不能好高骛远、盲目跟风，必须从追求时髦中的新奇特落实到关注现实中的高完成度、高实现度，坚定对现代建筑设计主潮流的认识，在把握建筑总体效果的前提下，尽量选择成熟易行的结构体系、施工工艺及材料体系，发挥设计的价值，让我们的作品于平凡处见非凡。这样的设计常态不仅是我们在现实中的主动适应和坚持，更是当代本土基层建筑师的本分和责任。

浙江省儿童医院

项目地点：浙江省杭州市
项目功能：医院
总建筑规模：130 500m²
设计／建成：2009/2014 年

作品简介

总体布局呈"L"形，沿东面规划道路布置门急诊，
沿南面平安路布置住院大楼，北面布置突发中心和
后勤大楼。内部各功能空间通过医疗街联系，方便、
合理、快捷。

从实际使用出发，在引入地下商业街概念，设置下
层广场，使商业街通透敞亮。

建筑外层表皮肌理采用仿生构造，以蜂巢的基本单
元为母体，进行排列衍生和组合，一个个小蜂巢象
征着培育小生命的空间。整个立面以暖白色为主色
调，在若干蜂巢内侧刷上具有生命力的绿色。希望
这种立面的设计可以消除儿童对医院的恐惧感。

1. 鸟瞰
2. 东侧实景
3. 医疗街实景

衢州市中心医院

项目地点：浙江省衢州市
项目功能：医院
总建筑规模：142 646.2m²
设计 / 建成：2012 年 / 在建

作品简介

一切以患者为中心——借助各种空间组合，结合地势的高差，创造清新的医疗环境。

绿色空间——以医疗街作为"生态轴线"组织各功能单元，在强调建筑布局合理，流线高效清晰的同时在医疗主街一侧设置了多个通高的小型内庭院，使医疗主街成为"阳光主街"。

高效先进——根据医疗的需要，布局医院功能，减少医务人员的服务和患者就诊的距离。

1. 鸟瞰图
2. 主入口透视图
3. 门诊楼局部透视图
4. 内景透视图

杭州师范大学仓前校区

项目地点：浙江省杭州市

项目功能：学校

总建筑规模：721 500m²

设计 / 建成：2009 / 2013 年

作品简介

设计着眼于湿地环境的还原与再造，湿地文化的延续与
重塑。作为校园的主体教学建筑借鉴传统聚落的格局，
采用底层高密度的建筑模式，与湿地环境紧密相融，折
射"湿地书院"的独特意境。

1. 鸟瞰图

2.3. 透视图

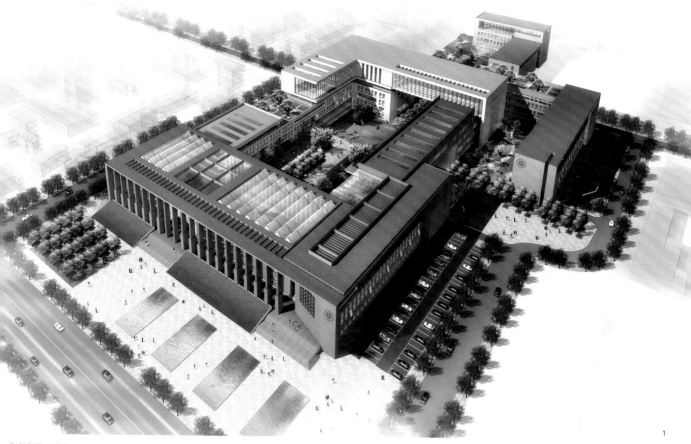

北京大学工学院

项目地点：北京市

项目功能：学校

总建筑规模：66 230m²

设计 / 建成：2007 年 / 在建

作品简介

项目主入口位于西侧，正对城市主干道中关村大街，通过大台阶、高挑柱廊、挑空玻璃大厅组成了气势宏大庄严的入口序列，在建筑立面设计上，采用了"北大灰"色调的面砖、石材和清水混凝土，形式上既讲究文脉又敢于创新，继承了北大宁静致远的校园文化基调，展示了北大自由开放的人文精神，体现北大进步、科学的精神。

1. 鸟瞰图
2. 下沉式庭院透视图
3. 内庭院透视图

诺基亚、西门子通讯创新软件园

项目地点：浙江省杭州市

项目功能：公建（办公、商业）

总建筑规模：92 330m²

设计 / 建成：2014 年 / 在建

作品简介

本项目主要是商业和办公，南北面及西侧的塔楼功能为
办公，二层裙房为商业，这三面通过二层开放式的平台
相连，围合成了"U"状造型，宛若双臂，热情且亲切，
围合而成的中部则是四层商业中心，商业中心二层平台
与周边相连，产生了多层次的活跃的商业氛围。

1. 鸟瞰
2. 正面透视
3. 主入口透视
4. 四季大厅内景

迪凯金座、华峰中心
项目地点：浙江省杭州市
项目功能：公建（办公、商业）
总建筑规模：A: 113 270m²；B: 76 053m²
设计／建成：2008/2014 年

作品简介
项目突出的地理位置要求一组（两栋）标志性的高塔，因此产生了本方案简洁、高雅、通透、线条清晰，具有精致几何造型的建筑主体。通过简洁的建筑造型、利落的结构系统及极富表现力的幕墙，强烈地展现自信的风采，渲染出的是建筑的迷人魅力。这种魅力并不来自于对形式化的追求，而是其自身材料及功能的自然体现。

1. 南侧透视图
2. 北侧透视图

万融置业城北综合体
项目地点：浙江省杭州市
项目功能：公建（办公、商业）
总建筑规模：8.91hm²
设计/建成：2013年/在建

作品简介
本项目位于杭州市拱墅区，建筑控高150m。整体布局分为东西两块，分别以商业与商务为主，建筑总体东南侧高，西北侧低，整体形成既分且合的造型姿态。南侧四栋高层建筑沿石祥路一字展开，高低错落，进退有序，形成项目主要形象面，同时高层建筑面向东侧总管路汇聚，与周边商务地块一起形成总部经济区的总体形象。

1. 中庭透视图
2. 主入口透视图
3. 次入口透视图

厦门海悦山庄

项目地点：福建省厦门市
项目功能：酒店
总建筑规模：105 500m²
设计 / 建成：2006/2008 年

作品简介
建筑风格上，结合厦门当地建筑特色，在材料、色彩、
体量的设计中不仅体现出当地风格，又彰显酒店的
尊贵大气。四坡的瓦面屋顶，丰富了立面形态，加
上立面中使用的仿木质材料，呼应了地方传统建筑
语汇。设计中采用了简化的传统四坡屋顶形式，屋
顶的穿插与平面轴线布置协调一致，不同高度的错
落组成了空间丰富、尺度宜人的建筑群体。平面则
采用大院落布局，半围合形成多个面海的院落空间，
均作为游泳池或休闲空间。酒店的建筑布局均获得
最充分的视线范围，保证大部分客房都面对大海，
都有观景阳台。

1. 内庭院透视
2. 远景
3. 入口透视

瘦西湖·唐郡

项目地点：江苏省扬州市
项目功能：住宅
总建筑规模：62 400m²
设计／建成：2008/2012 年

作品简介

扬州瘦西湖唐郡项目作为在扬州的一个高端城市别墅项目，业主提出了要充分结合地域文化，产品定位，体现"贵、隐、秀"的项目特点，既要考虑扬州地方园林文化的传承，又要体现不同一般居住建筑的高贵气质，现代居住建筑的特点。而唐郡项目正是对于现代人居理念做出了较为"传统"的诠释。

1. 中心景观
2. 别墅

华润新鸿基·万象城·悦府

项目地点：浙江省杭州市

项目功能：住宅

总建筑规模：147 900m²

设计／建成：2006/2010 年

作品简介

悦府位于杭州市钱江新城核心区，紧邻杭州大剧院、国际会议中心、市民中心、地铁口等。三幢 150m 的超高层住宅沿弧形一字排开，视线开阔，钱塘江景尽收眼底。立面设计风格简洁，铝板、玻璃、金属等元素进行重组和穿插，结合公建化立面特点并突出住宅的功能美。

1. 远景
2. 建筑细部
3. 全景立面
4. 门厅局部

gad

gad杰地设计集团有限公司
gad Design Group Co., LTD.

gad(绿城设计)创建于1997年，发展至今已拥有各类专业设计人员约700余人，具有建筑行业建筑工程甲级资质，是集建筑工程设计、工程技术咨询及服务为一体的综合型设计机构。项目涵盖住宅、写字楼、酒店、科研、大专院校、商业、城市综合体等，并相继在杭州、上海、青岛、厦门、重庆成立了设计公司。gad致力于追求将客户的商业价值和设计师的建筑理想完美结合，以精致的设计风格和充满人文关怀的设计思想，成为现代中国建筑设计的品牌设计企业。

Founded in 1997,gad now has developed into a design institution integrating engineering design, technical consultancy and service with over 700 professional designers and Grade A qualification in constructional engineering of the construction industry. Its project covers residence, office building, hotel, scientific research, institutions of higher education, commerce and urban complex. Furthermore, it has established design companies in Hangzhou, Shanghai, Qingdao, Xiamen and Chongqing. gad is dedicated to perfectly combining customer's commercial value with designer's architectural ideal, becoming a branding design enterprise of modern Chinese architectural design with exquisite design style and human-oriented design philosophy.

Who Are We?

1. 我们从何而来

gad（绿城设计）的故事从一开始就带有浓重的理想主义色彩，是追求卓越与不懈坚持的故事。

十多年前的杭州房地产市场如雨后春笋开始逐渐壮大，住宅建筑无疑是房地产开发的主力。1997年10月，gad在绿城房地产公司资助下成立起来。这种优秀房地产企业和优秀设计师的合作模式后来在全国范围内逐渐多起来，但在十多年前，依然是需要一定的勇气和信任才能很好合作下来。gad从成立之初，就是由一群有强烈理想主义色彩的人组成的。我们强烈地希望通过自己的不懈努力能够为城市多创造一些有感染力、有人文品质的作品，提升我们生活其中的城市的空间质量。

2. 我们要做什么

在gad成立之初，我们希望把gad做成一家有长久生命力的公司。我们希望拥有职业操守，拥有专业能力，设计优秀作品，解决实际问题。对于初创的gad，这个愿望可能过于宏大，我们明白必须为公司找到一盏航标灯，这样才能使公司在多变的市场环境和社会文化思潮变换中不会迷失自己的方向。我们为自己找到的这盏航标灯就是"专业"与"品质"，简单说就是坚持职业操守，为客户提供最佳品质的设计作品。

3. 我们为什么要这么做

原因可能很简单，那就是我们尊重生活其间或是工作其间的人，知道设计师是先成全别人再成全自己的职业。

gad设计师之所以能高度认同并自觉实践这种谦逊的设计理念，从根本上是出于我们对城市的理解和思考。作为我们实践的任何一个个体或是城市的空间片段，绝大部分都组成了我们生活其中的基本背景，它的舒适程度和便利程度决定了我们城市的文明程度。我们有幸参与的实践，都是被使用者近距离观察和触摸的，任何一个都不应该被怠慢。

4. 我们如何工作

从公司角度看，我们希望能有一种有效的模式，使gad众多个人能力超群的优秀建筑师能高度认同公司的价值取向，同时，还要为年轻的设计新秀提供一个学习与提高的平台。为此，在gad创立之初，我们就定下了集体创作的基本原则。

公司专业架构上我们在尝试"大部门＋小团队"的作业方式，在项目的具体操作上，我们采用了"项目总监＋设计组"的组织方式以及"项目评审"的管控方式来对待项目。在这种工作模式下，每个项目进展过程中，项目组成员可以接受到来自组内、组外的各种正面经验，使每个项目的完成都标志着一批设

邬晓明
gad 创始人 / 设计总监
gad 总裁 /gad 杭州董事长

王宇虹
gad 创始合伙人 / 设计总监
gad 上海董事长

朱秋龙
gad 合伙人 / 设计总监
gad 重庆董事长

黄宇年
gad 合伙人 / 设计总监
gad 青岛董事长

詹乐斌
gad 合伙人
gad 厦门董事长

杨明
gad 合伙人 / 设计总监
gad 杭州总经理

张微
gad 合伙人
设计总监

杨键
gad 合伙人 / 设计总监
gad 杭州总建筑师

蒋愈
gad 合伙人
设计总监

方巽科
gad 合伙人
gad 杭州总工程师

地址（Add）：浙江省杭州市西湖区
玉古路 168 号浙江武术交流中心大厦
12F-14F
邮编（Zip）：310007
电话（Tel）：86-571-88988988
传真（Fax）：86-571-87995338
Email：hangzhou@gad.com.cn
Website：www.gad.com.cn

计师的阶段成熟；同时，正是基于这样的团队工作模式，使 gad 的作品具有设计品质上的一致性和设计理念上的一贯性。这种工作模式也使 gad 成为一个真正的学习型、研究型公司，同时年轻的设计师能在这个环境中得到迅速的成长。

5. 我们如何控制作品的完成度

要想建成的作品达到很好的品质，除了拥有良好的技术实力，我们觉得还有两个重要的方面：平衡设计和全程参与。

我们一般会在设计开始前，花不少精力和时间与委托方沟通，使设计品质和创意与商业利益有一个良好的结合点。在双方找到这个平衡点并达成共识后，设计的具体工作才算开始。同时，设计的全程参与是优秀作品产生的必要条件。为了使作品能达到更为理想的状况，建筑师只有更广泛、更积极地深入到这根链条的更多环节中，才能在更大程度上发挥建筑师的作用。如果我们不能尽可能主动地主导设计，不了解这根链条如何有效运作，我们就不能胜任建筑师的角色。在国内现实的营造模式下，设计师只能选择主动参与到整个营造全过程中去，才能使各方利益得到切实有效的保证，最终达到多方共赢。gad 的成长历程印证了 "好的设计可以创造价值溢价" 的观点。

6. 我们对保持设计活力的尝试

创始合伙人有这样的共识，随着合伙人规模不断扩大，将逐渐调整股份比例，直至逐渐淡出。我们觉得，合伙人队伍的有效新陈代谢是保证设计公司长期活力的方式。gad 的合伙人从最初的 2 人扩大到 9 人，再到目前的 26 人，公司的经营规模也有了大幅的增加。合伙人的新陈代谢为优秀设计师打开了上升通道，这种上不封顶的合理机制为公司营建了一个能吸引并留住人才的优秀平台，为公司的可持续性发展提供了制度保障。

7. 我们是否能成为顶尖的设计公司

灵魂如果没有确定的目标，它就会丧失自己。我们得不断自省与自我否定，保持创新的意愿和能力，才能走得更好更远。

创新意味着付出和阻力，在成就面前人会丧失创新的动力。之所以能够在 17 年的成长历程中不断尝试，最根本的动力源自于合伙人群体对自己的信念近乎偏执的坚持。这让我们得到丰厚回报的同时，更坚定我们的想法。

2014 年，我们注册成立了杰地设计集团。我们希望借此更有效地整合公司资源，使得 gad 有新的开始。这个问题我们无法回答，让它成为一个心愿，我们所能做的只有坚持不懈吧。

苏州桃花源

项目地点：江苏省苏州市
项目功能：住宅
建筑规模：263 249 m²
设计 / 建成：2012 / 2013 年

作品简介

本项目继承了"桃花源"系列产品的精神本质——"隐"。相对于杭州桃花源的隐于山林，苏州桃花源则是营造出一种隐于都市的大儒风范。

设计基于苏州传统街道布局、水巷组织和庭院营造的研究，通过空间的分隔与联系，形成类型多样、层次丰富的街巷及庭院空间，符合步移景异的造景原则。同时，户型设计以庭院为中心，通过建筑、庭院以及灰空间的有机组合，为住户营造了幽雅、私密、融合的居住单元。建筑造型上汲取了苏州古典园林中亭台楼阁的构成手法，在街巷及庭院空间的处理上采用了漏窗、月洞门、门廊等传统造景元素，使空间层次产生变化，形成了分而不隔、多方胜境、咫尺山林的韵味。

1.2. 内景
3. 区位图
4~6. 内景

3

2

4

5

6

1~3. 建筑外景
4. 区位图
5. 建筑细部

上海黄浦8号

项目地点：上海市
项目功能：办公
建筑规模：26 582m²
设计/建成：2012 / 2013 年

作品简介

本项目位于上海外滩十六铺地区人民路、福佑路交叉口，是旧建筑改造项目。该大厦处于老城厢历史文化保护区和外滩风貌保护区的边缘，拥有观赏黄浦江一线景观的绝佳视野。改造要求在不改变建筑使用性质和主要规划控制指标的前提下，全面提升建筑配置标准，同时对建筑形体和立面进行升级，使之成为南外滩的标志性建筑之一。

改造设计基本保留原形体和高度，对建筑轮廓进行调整，取消了裙房，用对形体采用切割、整合的手法，使建筑主立面成为形体简洁有力、构成逻辑清晰、富有识别性的折线形。外立面材料以金属穿孔板和玻璃幕墙为主，通透的玻璃提供了建筑最大限度的观景面，现代材料组合构成的精致节点传递了强烈的机械美学审美情趣，表达了建筑的时尚特征和标志性，赋予建筑全新的生命。

4

5

浙江海洋学院新校区

项目地点：浙江省舟山市
项目功能：学校
建筑规模：252 165 m²
设计 / 建成：2010 / 2013 年

作品简介

设计师从"控制尺度"着手，以营造舒适的"校园生活"为线索，采取了一种类似原型设计的方式，将多个世界知名学府的空间尺度植入场地，形成了一个能生成和容纳校园缤纷活动的"培养皿"。设计追求传统校园的空间意象和场所品质，以一系列连续生动而各具特色的街道和小广场串联教学区和生活区，并将学习和生活功能适当混合，为校园和周边社区提供活动的场所。校园的核心不再是冰冷空洞的大广场、大绿地，而是一派热闹生动的"生活"场景，建筑风格、建筑形态等技术追求自动退居其后，使用者的流动性、活动的即时性成为主角。

1. 建筑外景
2. 建筑内景

杭州东部国际商务中心
项目地点：浙江省杭州市
项目功能：办公
建筑规模：228 000m²
设计 / 建成：2007 / 2013 年

作品简介
本项目与地铁下沙中心站无缝对接，其功能复杂、综合性强，建成后将成为下沙中心区具有复合功能的建筑综合体。商务中心延续了项目整体规划中虚实结合的中央轴线来铺陈建筑，将不同功能的建筑单体以统一的体量和格调来体现。

项目二期与一期相比，选材用色上都比较接近，一期是米色洞石和超白玻璃的搭配，二期的所有建筑则是以灰白麻石材配合中灰色玻璃，两种材质交织着形成间隔的竖向线条，一致的形态设计实现了建筑群体性的规模。在二期与一期的场所交接处，设计师还特意增加了体现出强烈现代感的方形雨棚，覆盖水平和竖向流线的汇集点，醒目而颇有特色，成为场地上的点睛之笔。

1. 建筑外景
2. 建筑内景

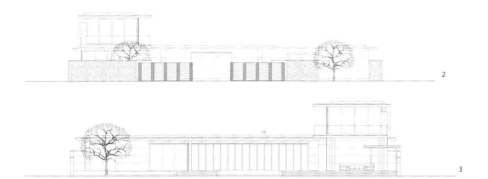

2

3

1. 外景
2.3. 立面图
4. 内景
5. 区位图
6.7. 内景

4

海南蓝湾小镇澄庐海景别墅

项目地点：海南省陵水县
项目功能：住宅
建筑规模：40 575m²
设计 / 建成：2012 / 2014 年

作品简介

该项目将海景资源的有效利用作为首要出发点。基于居住设计的经验认知，设计将建筑紧贴岸线、占满场地，并占据平面最大的海景视线。同时，在单体建筑中进一步抬升前排的客厅，并下沉灰空间，给内院纵厅和后排横厅带来更多的海景视线，形成全方位的海景体验。

别墅建筑形式通透，灰空间模糊了建筑、室内和景观，幕墙设计的边界。设计师以"空间体验"为切入点，通过建筑构件限定、组织空间序列、场景收放、动静区域分离，以及建筑材料的使用和对比，营造丰富的空间体验，形成具有现代特质，又能为特定人群所接受的生活场所。

6

7

海南蓝湾小镇度假公寓

项目地点：海南省陵水县
项目功能：住宅
建筑规模：261 981m²
设计 / 建成：2011 / 2013 年

1.2.4. 建筑局部
3. 总平面

作品简介

本项目位于海南省陵水县以南，蓝湾小镇西南端。设计考虑了海景公寓与海边风声水色、云卷浪鸣的景致间的联系，通过对建筑形态的设计，建筑材质的选择和建筑通透性的打造，使整个公寓组团充满了轻盈浪漫的热带气息，营造出一种亲近自然、闲适舒心的度假氛围，为度假生活增添了一抹亮色。度假公寓的造型整体呈 3 组大"∩"形，保证了最大限度的观景视野。整个建筑组群形式统一，呈现出最大的集群效果，远远观望，犹如海中晶莹的珊瑚礁群。同时，地下室在基地原始标高上建造，使公寓首层抬高 10m，实现了户户观海的可能。设计师还运用了独特的横向舒展的连续波浪形立面形态，以柔化建筑冷硬的线条，让公寓的轮廓线与蜿蜒的海岸线完美融合。

3

4

海南蓝湾小镇威斯汀度假酒店

项目地点：海南省陵水县
项目规模：酒店
建筑规模：62 000m²
设计 / 建成：2010 / 2014 年

作品简介

项目位于海南省陵水县清水湾的最东端。蓝天、碧海、白沙构成了基地优越的自然景观条件。近些年来，在海南新建的五星级酒店数量众多，竞争日趋激烈。如何在这些酒店中做出自己的特色，成为本次设计的核心任务。

1. 鸟瞰
2. 建筑局部
3. 区位图
4~6. 建筑局部

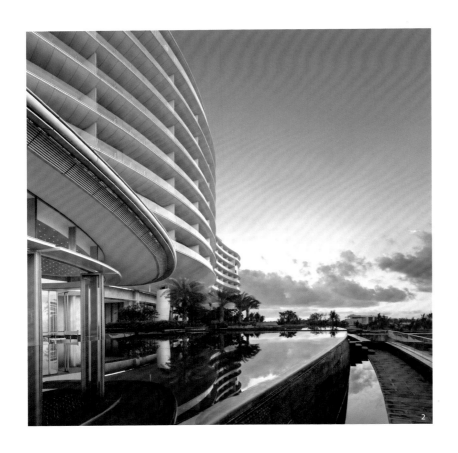

2

3

上海江南建筑设计院有限公司
SHANGHAI JIANGNAN ARCHITECTURAL DESIGN INSTITUTE CO., LTD.

上海江南建筑设计院有限公司是在原上海市嘉定建筑设计院（事业单位）基础上改制成立的股份制有限责任公司。公司总部位于上海嘉定，近年来在成都、长沙、苏州、江西、内蒙古等地相继成立了分院，立足上海，走向全国。几十年来，江南院逐步发展壮大成一家综合性建筑设计院，拥有工程设计、勘察和监理（控股上海嘉豪建设监理）三个国家甲级资质，并具有城乡规划、市政（道路、桥梁）、风景园林设计乙级资质及测绘、工程咨询、水利（河道整治）丙级资质。公司现有各类工程技术人员500多人，其中享受国务院津贴1人、国家一级注册建筑师10人、一级注册结构工程师22人、注册设备工程师20人、注册监理师30人、注册造价师5人、注册城市规划师5人、高级工程师60余人。

Shanghai Jiangnan Architectural Design Institute Co., Ltd. is a joint stock limited liability company restructured and founded upon the original Shanghai Jiading Architectural Design Institute (a public institute). Headquartered in Jiading district of Shanghai, the company has established branches in places like Chengdu, Changsha, Suzhou, Jiangxi and Inner Mongolia in recent years. In other words, the company is rooted in Shanghai while reaching out all over the country. For the past several decades, Shanghai Jiangnan Architectural Design Institute Co. Ltd. has developed to become a comprehensive architectural design institute with three national first-rate qualifications, including engineering design, prospecting and supervision (holding of Shanghai Jiahao Construction and Supervision Co. Ltd.). Moreover, the company has second-rate qualification in areas of urban and rural planning, municipal administration (roads and bridges) and landscape architecture design as well as third-rate qualification in areas of surveying and mapping, engineering consultation, water conservancy (river regulation). So far, the company has a total of more than 500 engineering technicians of various types. Among them, 1 is enjoying the State Council Allowance, 10 are national first-class registered architects, 22 are first-class registered structural engineers, 20 are registered equipment engineers, 30 are registered supervisors, 5 are registered cost engineers, 5 are registered city planners and more than 60 are senior engineers.

牢记建筑师的社会责任
——回归理性的建筑设计

当今的建筑设计行业已经高度市场化，任何一个设计单位乃至一个设计师都不可避免地受到市场的影响。适应了市场的需要才能在竞争中生存。同时，我们每个建筑师都不能忘记自己的社会责任。建筑可以是音乐，可以是雕塑，但建筑的本质是为人们、为社会创造的室内外的生活、生存环境，这个环境应当是安全的、舒适的、有社会及环境效益的。建筑师应利用一切技术手段为此服务。

建筑应当是安全的。一个好的建筑应当在各个方面能保障人们的安全。近年来，我国各地发生多次建筑安全事故，如几场大火、楼房倒塌、坠落事故、外墙及幕墙脱落等，这类事故一旦发生，往往带来极大的生命和财产损失。所以，安全是建筑设计的头等大事，应当贯穿于建筑设计的全过程，大到项目选址、总体布局，小至建筑配件、节点设计，都应充分考虑到安全因素。而对于不同种类的建筑也有不同的考虑，如人员密集场所重点应关注人流的组织及疏散；幼儿园学校应注重构件

的安全性；医疗建筑应从合理组织流线、避免交叉感染等方面考虑。对于以往的经验教训，及时全面地加以总结，在整个设计过程中，分析各种可能的安全隐患，采用各种技术手段予以解决，创造出使人们安心的建筑空间。

建筑应当是舒适的。我们所创造的空间应当使在其中活动的人们，在生理和心理上都感到舒适。如充足的光线、适宜的温度和湿度、柔和的色调、宜人的尺度、良好的通风、清新的空气、优美的绿化，还应该营造出良好的私密性，动静合理、流线通畅、无噪音干扰等。可以说，建筑的舒适性涵盖了建筑的方方面面，从布局到细节，都应该给予关注。而生理上的舒适度又直接影响到心理上的舒适度。一个人处在昏暗、潮湿、异味、嘈杂的环境中必然在身心上受到折磨。不同的建筑类型对于舒适度的各个方面的侧重点也有所不同，学校和住宅对于通风、采光、噪音隔绝及绿化景观都有很高的要求，而住宅设计还要考虑私密性的要求，商业类建筑应更多关注流线组织和

金　军　董事长
杜幼平　总经理
夏万国　党总支书记、总工程师
李　静　董事、院长助理、综合六所所长
宋鹤斌　总建筑师
黄建冰　副总建筑师
赵孟良　综合二所副所长
钱　骏　苏州分院院长

总部地址：上海市嘉定区平城路 811 号北水湾大厦 8-11 楼
邮编 (Zip)：201800
电话 (Tel)：86-21-59529716
传真 (Fax)：86-21-59520897
Email：jnadi00@163.com
Website：www.jandi.net

空间尺度。在不同的项目设计中，应对这些因素加以权衡判断和分析，以取得最佳效果。

建筑应当有准确的定位。合理地制订目标非常重要，由于地理上、背景上的差异及设计要求的不同，每个项目都应当是独一无二的。有些建筑针对特定的人群，有些建筑处于特定的人文地理位置，有些建筑有特定的要求。如一些建筑因所处位置、功能、城市或企业形象的要求，建筑形象上要有突出的特色。有些建筑服务于大众，要求有开放的室外空间和亲和力。还有近年来我们有大量的保障性住房的设计业务，这些项目与商品住宅的项目就有很大不同，往往在用地、成本、户型上有很大的限制，而对于户型的紧凑性和灵活性上却常常有更高的要求，这类项目的首要目标是经济适用性，重点解决特定人群的特定需求。我们建筑师应该对这些要求进行深入的、理性的分析，给予项目准确的定位，创造出每个建筑的个性与特色，尽到每个建筑师的社会责任。

建筑应当是技术合理的。建筑设计是以建筑技术作为基础的，离开了技术，建筑无从谈起。建筑结构、建筑设备、建筑材料都应属于建筑技术的范畴。可以说，一切建筑史上的进步，都是由建筑技术的进步带来的。而我们所处的这个时代，更是建筑技术突飞猛进的时代，建筑技术更是为建筑业带来巨大的影响，一个脱离建筑技术的建筑师是无法立足的。一个项目的结构选型、设备系统、声光热学设计及材料的选择，从根本上影响着建筑设计。所以，我们在设计之初就应把合理的建筑技术引入进来，作为设计的重要环节。合理的建筑技术不仅是建筑安全性、舒适性的重要支撑，同时也会产生经济性和社会效益。

总之，在建筑设计中应注重理性思维，创造出安全舒适的建筑空间。我们适应市场，服务于社会。我们的建筑是优美的。

保利·叶上海

项目地点：上海市

项目功能：住宅

建筑规模：720 000㎡

建成时间：2012 年

作品简介

保利·叶上海南向紧临顾村公园，项目集低密度住宅、高层公寓、会所、学校、社区商业为一体，以公园级的宅院和别墅级的公寓开创出区域生活新高端和新高度，充分体现了新世纪大型住宅社区对人性的关怀。

1.2. 建筑实景

3. 会所实景

4. 鸟瞰图

嘉宝·紫提湾

项目地点：上海市

项目功能：住宅

建筑规模：350 000m²

建成时间：2012 年

作品简介

设计特点是结合地域特征，提出"草原派"的节能概念，吸收先进建筑风格的精华，通过典雅大气的建筑形式，融合传统韵味和古典气质的景观设计，营造出小区自身特有的气质内涵。

1. 住宅区外景

2. 总平面图

3.4. 联排别墅

5. 会所

6. 联排别墅

7. 高层住宅

1. 住宅外景
2. 联排别墅鸟瞰

保利·新家园
项目地点：上海市
项目功能：住宅
建筑规模：400 000m²
建成时间：2009 年

作品简介
在注重居住空间良好通风采光的同时，通过对当地传统建筑元素重新构建，在建筑单体设计中形成"屋＋院＋水"、"屋＋院＋树"等模式，在同一风格基底上设计出不同的空间产品，从功能上不同的居住需求。建筑造型设计采用现代主义风格，通过几何的形体、阶梯状的造型，以及现代材料的运用，将历史风格的造型符号进行抽象、变形使其简化并趋于几何，以一种摩登的形式出现，将历史的情怀在现代的住宅中重现。

1.2. 高层住宅透视

华润·中央公园
项目地点：上海市
项目功能：住宅
建筑规模：160 000m^2
建成时间：2013 年

作品简介
华润中央公园，以典型的岛状组团式空间结构与组织方式进行规划布局，可以使各产品分区明确，脉络清晰，也打破了居住空间的呆板与杂乱。建筑风格设计中提取新古典建筑的风格元素，结合现代的材料与技术工艺，以清新而富于装饰感的形态为主要基调，追求清雅、简约、轻盈的视觉感官效果。

金地格林风范城二期A地块

项目地点：上海市
项目功能：住宅
建筑规模：200 000m²
建成时间：2011 年

作品简介
计理念注重新亚洲建筑风格，以现代的建筑语言，塑造高雅的人文居住环境，使居住者回归宁静与自然，同时彰显建筑的时尚感。

1. 高层住宅透视
2. 联排别墅透视

1.2. 高层住宅实景

绿地·新翔家园

项目地点：上海市

项目功能：住宅

建筑规模：126 000m²

建成时间：2012 年

作品简介

以商品房品质建设经济适用房，打造社会阶层的健康混合和社会关系的和谐共生。提升空间品质，迅速形成一定规模的崭新城市风貌。提升社区认同感、归属感及空间环境的尊严感。

绿洲·香格丽花园
项目地点：上海市
项目功能：住宅
建筑规模：230 000m²
建成时间：2013 年

作品简介

绿洲·香格丽花园，由联排别墅、叠加式公寓和小高层组团组成。绿洲香格丽花园有天然水系环绕，植被种类丰富，采用红瓦白墙的地中海式建筑风格，景观与空间布局良好。并采取相对独立的交通体系和完整性的生态居住系统。

1. 会所实景
2. 联排别墅区实景

1. 门诊大楼实景
2.4. 建筑外景
3. 总平面图

上海交通大学医学院附属瑞金医院北院

项目地点：上海市
项目功能：医院
建筑面积：72 000 万 m²
建成时间：2012 年

作品简介

传承百年瑞金的文化精品，体现瑞金追求卓越、广博慈爱的精神，运用国际医疗建筑设计新理念，充分考虑可持续性发展的设计原则，采用"医院街"及其连廊联系整个医疗建筑各部分，形成一个总体构图优美、序列性强、功能合理的建筑群体。

自 1999 年 1 月成立以来,南方设计秉承"和而不同,顺势而为"的企业文化,积极研究国内设计院与境外事务所的优势,经过不懈努力逐渐形成总公司、子公司、工作室的复合机制,既有设计院模式的整合优势,又有事务所模式的创新竞争优势。

南方设计每一个项目都由事务所模式的独立子公司执业建筑师亲自主持,他们具有成熟的专业判断力和类似项目的设计能力,是统领从概念方案到施工图实施的一线领导人。通过总公司的协调综合与内部竞争机制,每个项目都能获得各个子公司最具经验与创新能力的一线执业建筑师参与和支持。

经过 16 年的设计实践,南方设计以"敏锐的市场洞察、对地域价值的尊重、可落地的创新、包容的工作方式和整合资源的能力",逐渐获得广大合作客户的认可。

Since the establishment in Jan. 1999, South Design has been adhering to the corporate culture of "harmony in diversity and going with the tide" and actively researching advantages of the domestic design institutes and foreign offices. Through unremitting efforts, the compound mechanism of the headquarters, subsidiaries and branch offices has been formed with both the integration advantage of the design institute and the innovative competition advantage of the office.

All projects of South Design are personally hosted by practiced architects in independent subsidiaries in office mode who, with mature and professional judgment and design ability of similar projects, are first-class leaders to control projects from conceptual scheme to shop drawing implementation. Through the comprehensive coordination and internal competition mechanism of the headquarters, every project is participated in and supported by first-class practiced architects with abundant experience and innovation ability in various subsidiaries.

After 16 years of design practice, South Design has gradually been recognized by customers through "acute market insight, respect for regional value, practical innovation, tolerant working mode and resource integrating ability".

设计的转型升级之路

中国经济增速减缓,房地产的黄金时代不复存在,本就过量的工业园区举步维艰,电子商务侵占着实体零售,导致商业地产前途未卜。以上种种迹象表明中国的转型升级期已经来临。这意味着过去的时代已不在;意味着生活方式的更新与淘汰;意味着过去成功经验再也不一定适用。设计公司关注的问题也从"如何快速低成本高质量的出图",变成了"如何设计才能让项目存活",否则项目就会中止,图纸变成废纸。

"思想决定方法,方法决定过程,过程决定结果",是南方设计创始人方志达先生常说的一句话。社会的转型升级归根到底是因为生活方式的转变而导致,是建筑产品从同质化向个性化、多元化的转型,是发展模式从粗放式向精细化的升级。但困境往往伴随着机遇。小米公寓被认为最有可能颠覆传统的房地产产业,马云敢于跟王健林打下亿元巨赌,这说明谁能解答项目生存问题,就会成为设计生物链中的顶级掠食者。如何将建筑形态与个性化、多元化的社会生活形态相融合是开发、设计、建设共同面临的挑战。经过不断地探索和实践,南方设计逐渐形成了自己的思考逻辑和设计方法。

1. 市场

"所有的项目,对市场问题的思考永远是第一位的。"南方设计最为关注的就是市场问题,而"所有的设计和创意,当然也是为了解决市场问题"。这要求建筑师不但有对市场敏锐的判断力,还要有娴熟的设计技巧来解决问题。比如杭州湘江公寓项目,南方设计在严苛的日照限定和容积率不变的前提下,通过巧妙的设计将高层公寓改成花园洋房。产品变化使得售价提高 30%,项目从而起死回生。

2. 地域

在信息爆炸时代里,开发商之间几乎没有秘密可言。而项目之间唯一不可复制的是地域。这块土地之上的场地、文化、历史、环境是项目的独特性和附加值的最大源泉,最大程度去贴合这块土地并挖掘出最大价值是建筑师的职责所在。南方设计早就有了"捡起历史碎片,营造文化生态"的设计纲领,并体现在总计 185km 长的杭州街道改造与城市更新,以及各种不同类型的工程实践中,其中杭州湖滨国际名品街就因此获得

地址（Add）：浙江省杭州市上城区白云路 36 号
邮编（Zip）：310008
电话（Tel）：86-571-85111740
传真（Fax）：86-571-85116497
Email：market@zsad.com.cn
Website：www.zsad.com.cn

2005 年美国建筑协会全球最优异项目大奖。

3. 创新

创新是设计公司的核心价值，是面对多元化、个性化社会趋势的最佳态度，其价值在于创造出难以复制的高附加值。创新实际上最需要的是保证创新能力的企业机制和落地实施能力。作为以创新著称的设计机构，南方设计一直在探索着结合设计院和境外事务所之长的"南方模式"，创作出了九树公寓（英国皇家建筑师学会大奖，与 DCA 合作）、杭州山南产业园（中国最佳创意产业园"荣腾奖"）等作品。

4. 包容

所谓的包容性包括两个层面。其一，社会发展越来越具有包容性，而对原有建筑、文化、历史和生活方式的不包容，是导致千城一面的主要原因。其次，我们应该倾听设计，包容和研究它的工作方式。前者是设计的未来方向，后者是设计的实现路径。在南方设计，每个方案都让几个独立工作室一起来做。这些工作室有各自的设计特长和工作方法，最后的方案因此也各式各样，反而能把所有的问题都暴露出来，最终效果让人意想不到。

5. 整合

社会的发展导致人们居住、工作、娱乐需求复合化。这意味着单一产品越来越难以满足人们的需求，单一的专业能力也只能解决单一的技术问题。建筑设计作为整个行业的龙头与核心，必须承担起跨界、跨领域整合的重任。而整合不仅仅意味着设计、开发和资本，还意味着用户参与、文化融合、时尚追求各个方面。在南方设计近来的项目实践中，如山南基金小镇等创意产业园项目、临安指南村等乡村再生项目、大连热电厂等城市更新项目，这种整合的趋势已经越来越明显。

复杂多变的转型升级期还将持续，会出现越来越多没有设计任务书的项目，而设计公司会越来越分化成为"小、精、专"的技术供应商，或者行业整合者。这是中国设计行业发展的必然趋势，也是其真正走上国际化和正规化的分水岭。

玉皇山南国际创意产业园（基金小镇一期）

项目地点：浙江省杭州市
项目功能：产业园
建筑规模：50 000m²
设计 / 建成：2008/2010 年

作品简介

本项目的建设是与城市更新紧密结合的，通过规划创意园区合理的产业布局，同步建设，整合资源，提高效率打造符合更新模式，促进城市区域良性的有机更新。园区通过对区块内仓库、厂房、部分农居改造及历史建筑修缮和新建建筑等多种方式，为入驻企业、个人打造完美的创意办公空间。

2

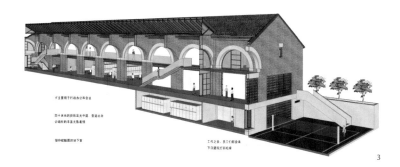

3

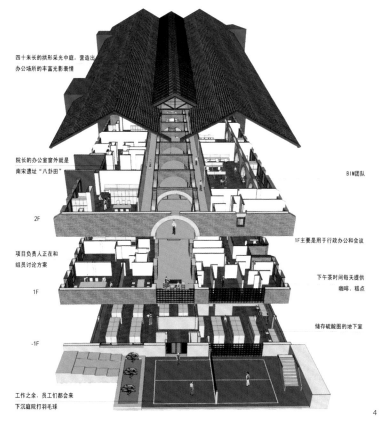

1. 32# 楼南方设计总部中庭
2. 32# 楼横向剖面图
3. 32# 楼纵向剖切图
4. 32# 楼空间分析图

4

5

在这里可以得到好的看到中庭景观以及光影效果

休息时间这里会聚集很多
多人打桌球、乒乓球

休息会议区

6

5. 鸟瞰图
6. 4# 楼纵向剖切图
7. 4# 楼南方设计特色小镇研究院内景
8. 36# 楼楼梯间内景

大连中合北大荒文化创意产业综合体

项目地点：辽宁省大连市

项目功能：综合体

建筑规模：255 000m²

设计时间：2012 年

作品简介

本项目位于大连开发区门户位置，原为大连热电厂厂区。南方设计在众多拆除建设的呼声中力排众议，设计保留原厂区具有独特形象的烟囱、储煤罐、锅炉车间和冷却塔，并将其改造成以工业设计为主的文化创意产业综合体，为城市工业文明的留存与再生做了建设性的尝试，也是工业文明和工业城镇的新型城镇化的一次突破性实践。

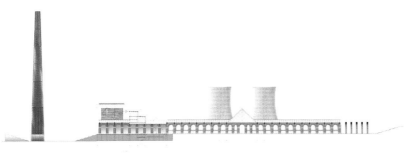

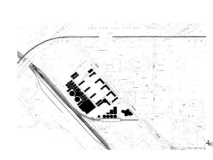

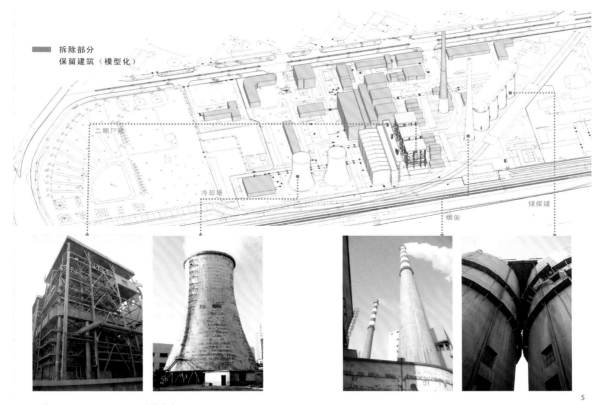

拆除部分
保留建筑（模型化）

二期厂房

冷却塔

烟囱

储煤罐

5

1. 效果图   5. 功能分布图
2.3. 立面图   6. 储煤罐空间改造示意图
4. 总平面图   7. 发电机组大楼改造示意图

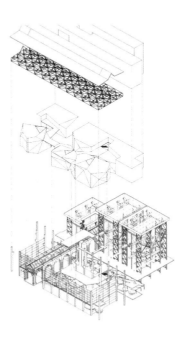

九树公寓

项目地点：浙江省杭州市

项目功能：豪宅公寓

建筑规模：50 000m²

设计 / 建成：2004 / 2007 年

作品简介

本项目每一幢小楼的原型取材自欧洲的玻璃房子，户型设计极具大空间的通透性与流动感，大面积通透的窗墙系统更是加强了风景与光影的交汇，而围住宅一圈的360°可走通的围廊，外立面上的部分可移动木格栅，又完全是东方式的神韵，与中国山水画中"静与思"的意境相合。室内设计同样体现了这种融合性，很多装修元素参照的是中国传统的材料和工艺，表现的方法却是西方现代抽象的直线条和简洁的形体。设计师将九树定位为"非经验住宅"，高度的个性化及其所蕴涵的创造性价值，让九树更接近艺术品的范畴。

1. 立面细部

2. 鸟瞰实景

公元沐桥公寓

项目地点：浙江省杭州市
项目功能：高层、多层住宅
建筑规模：80 000m²
设计／建成：2008／2011 年

作品简介
该项目承袭经典美国经验的多层精装电梯公寓，从平层、跃层到带地下室的跃层，皆而有之。依循地道的美式高级公寓标准，配置世界级厨卫，设计空中花园、豪华主卧套房、大量储物空间、双流线交通、3.4m 室内层高等，同时定制了国际"金钥匙"服务模式。纯正的美式公寓精装生活在公元沐桥得到完美演绎。

1. 客厅实景
2. 书房实景
3. 透视图

湖滨国际名品街

项目地点：浙江省杭州市
项目功能：街区改造
建筑规模：50 000m²
设计 / 建成：2002 / 2003 年

作品简介

本项目的设计过程将建筑的产生经历了双重还原的
过程，首先从历史模型形式的还原中获取类型，然
后再将这一类型结合具体场景还原到具体的形式。
时间是透明的，它将过去、现在和将来联系在了一起，
对过去的历史性抽象，是建立在当前的把握和对未
来的臆断基础之上的，而结合具体场景的还原场所
本身就沉淀了历史性的要素。

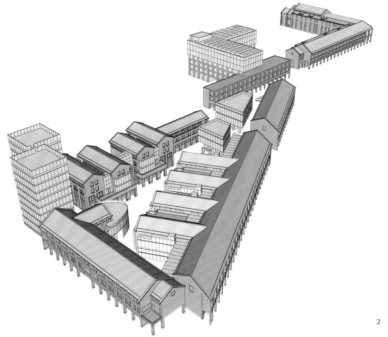

2

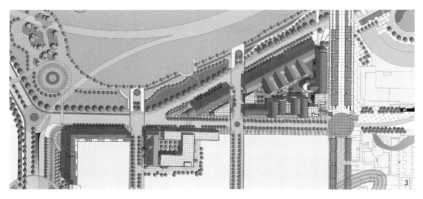

1. 湖滨实景
2. 空间示意图
3. 总平面图
4. 鸟瞰实景
5~7. 商业内景

杭州JW万豪大酒店

项目地点：浙江省杭州市

项目功能：五星级酒店

建筑规模：80 000m²

设计 / 建成：2010/2012 年

作品简介

JW 万豪酒店是万豪国际酒店集团的奢华品牌成员，以高品位的艺术人文理念融合卓越先进的建筑设计，拥有考究细腻而温馨精致的装饰和设施，为客人营造轻松精彩的居住环境，并致力以个性化的优雅服务，为客人提供独一无二的私人氛围及超凡的住店体验。

1. 外观实景
2. 入口实景

悦榕庄酒店

项目地点：浙江省杭州市
项目功能：度假酒店
建筑规模：20 000m²
设计 / 建成：2007/2010 年

作品简介

该项目隐秘于中国唯一的集城市湿地、农耕湿地、文化湿地于一体的国家湿地公园。酒店以传统的江南建筑为基调，宁静中体现江南园林的神韵，室内设计加入东南亚设计元素，结合顶级现代化配套设施，将东方的古典和现代的简约完美融合，成就独特的悦榕风格。

1. 水面实景
2. 鸟瞰图

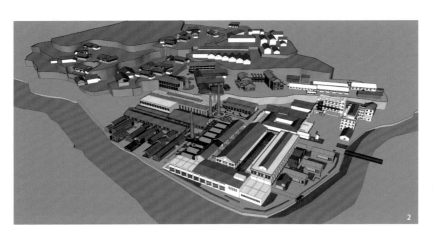

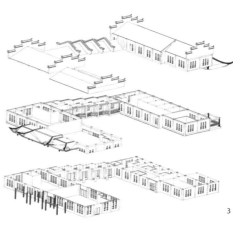

中国青瓷小镇

项目地点：浙江省龙泉市
项目功能：城镇改造
占地面积：220hm²
设计 / 建成：2012/2014 年

作品简介

本项目对文化产业发展的产业链进行了探索，配合城镇建设进行规划，划分为入口及旅游配套区、核心景区和城镇配套区，区块相互交融、自然延伸，链接南北两端的自然古村落。

1. 小镇一角
2. 鸟瞰模型
3. 空间分析图
4. 青瓷文化广场
5. 街道实景
6. 游客服务中心实景

宁波财富中心
项目地点：浙江省宁波市
项目功能：商业综合体
建筑规模：140 000m²
设计 / 建成：2008 / 2014 年

作品简介
本项目采用全钢结构，是目前宁波市高层建筑中施工难度较大、单体体量最大的钢结构项目。它的幕墙采用单元式幕墙工艺，在主楼里还特别设计了10.5m 双层挑高大堂。宁波财富中心已成为三江口及宁波的地标性建筑。

1. 建筑远景
2. 入口实景

大连卧龙湾国际商务中心

项目地点：辽宁省大连市
项目功能：商业综合体
规划面积：15 000m²
设计时间：2009 年

作品简介

卧龙湾定位为大连新市区的中心区、大连城市副中心、东北亚国际航运中心港航服务核心功能区、区域性金融中心聚集高地、生态宜居新城，规划了商务金融、商业服务、行政办公、生产服务、文化娱乐、科技发展、港口服务、生态居住等八大功能。

1. 透视图
2. 鸟瞰图

求精 做实 解难 创新

上海同济城市规划设计研究院
Shanghai Tongji Urban Planning and Design Institute

上海同济城市规划设计研究院是全国首批取得城市规划设计甲级资质及旅游规划甲级资质的设计科研机构，目前在编员工超过 500 人，拥有高级职称或博士学位的高级专业技术人员 50 余名，骨干规划设计专业人员均毕业于国内外著名院校，涵盖所有城乡发展领域的专业。我院现有国家注册城市规划师 110 余名，占全院员工总数的近四分之一。同时，我院还聘请了同济大学数十名知名教授组成我院总师专家组，参与规划设计和研究的指导，在重大项目、基础研究、学术交流方面领衔创新。

依托同济大学城乡规划学科在国际和国内突出的地位和广泛的影响力，充分发挥高校设计单位在人才培养和研究创新方面的优势，以"产、学、研"相结合为特色。项目覆盖了全国各省、直辖市和自治区、澳门特别行政区以及欧、亚、非等地区。

Shanghai Tongji Urban Planning and Design Institute (TJUPDI) is one of the first Chinese design and research institutes with Grade-A qualification certificates of urban planning, urban design and tourism planning.

Currently, more than 500 full-time staff members are working here, the number of senior planners with high technical-post title or Doctor Degree is over 50, and the other key technical members also graduated from prestigious universities at home and abroad. There are over 110 national-certified urban planners, accounting for nearly one fourth of the total staff. Besides, scores of well-known professors from Tongji University are also employed by TJUPDI as the expert panel providing guidance for planning practice and researching programs, directing innovation efforts in significant projects, fundamental studies and academic exchanges.

Relying on Tongji University's reputation and its extensive influence in urban planning area at home and abroad, TJUPDI has been giving full play to personnel training and innovative research efforts for exerting its cutting-edge strength. Apart from that, the integration of "Planning Practice, Education and Research" is also one of its features. TJUPDI has completed projects entrusted by multi-level governments across Chinese mainland and Macau Administrative Region as well as European, Asian and African countries, covering all kinds of urban and tourism planning sorts.

城市空间营造

1. 因地制宜

中国的城市建造得太快，势必形成效率优先导向和自上而下决策的机制，在这样的背景下，城市迅速地扩张、快速地改造，很少会顾及基地和城市所处的既有环境，更少会顾及社会网络的延续性。在今天只要有钱就能解决任何技术问题的时代，中国城市原有的特点迅速被新的开发项目所替代，已经很难找到属于某个城市自己特有的东西了。

一个或一组建筑从规划师的视角去看，城市中的任何一个或一组建筑均有其特定的建成环境，是特定的文化和社会背景中的一部分。规划师需要根据不同的时间、地点和条件用平衡的价值观去分析问题，拿出平衡的解决方案，照顾到各方的利益，使负面影响最小，使各方都可接受，也就是所谓的"因地制宜"、"顺势而为"。

2. 多样性

中国的城市建造得太简单，因为在一个城市中规模化的开发项目太多，且在空间布局上过于集中。 在城市改造中，更重要的因素是我们喜欢把项目基地拆得干干净净，即使保留下少量的历史建筑，也更愿意把人搬出去。这样做的结果自然就抹去了基地上的一切，具有割裂城市空间连续性、社会网络完整性、抹杀城市多样性的风险。

城市多样性的意义远远超出我们现在能够认识的范围，因此尊重城市的多样性是我们的首要职责。城市的多样性是通过无数建筑物表达出来的，每一栋建筑都会涉及众多的利益相关者的切身利益，其中包括房屋的业主、使用者、开发商、建筑师及民众对建筑和城市环境的诉求，所有这些都是营造城市多样性的基础。城市规划不应该限制这些创造性的智慧。

3. 建筑与城市空间

中国的城市建造得太乱，原因在于我们常常忽略了城市和项目基地原有的文脉和自然空间特征，人们往往热衷复制、移

地址（Add）：上海市中山北二路 1111 号同济规划大厦
邮编（Zip）：200092
电话（Tel）：86-21-65982930/ 65982093
传真（Fax）：86-21- 65982100
Email：net@tjupdi.com
Website：www.tjupdi.com

植一种建筑和空间形式。

我们意识到，在基地内和基地周边，即使是非常微小的差异，对城市的意义也是十分重大。城市建筑的价值更重要的是营造城市空间，对城市营造来说，组成城市空间主体部分的建筑物一般并不具有特殊功能和意义，这类建筑物在城市中比重极大，不论是单体还是群体甚至是街坊，都需要作为整体来设计和规划，而不是仅仅作为一个项目在基地内部去考虑空间的设计问题。

从规划的视角看建筑，绝大部分建筑在城市空间中最重要作用不是表现自己，而是界定城市空间。任何一个或一组建筑在城市空间中必须与既有的、基地之外的城市空间形成联系并形成新的、积极的城市空间。也就是说城市空间的整体性意义大于建筑个体的自我表现，同时也只有融入了既有的城市空间（不论其价值的高低），建筑个体才会具有自身的意义。这也是城市规划与建筑的结合点。

4. 保护文化遗产

中国的城市拆得太多，保留得太少，这"得益"于我们的城市开发的机制。文化遗产的概念有时收得太窄，有时扩的太大；保护操作起来往往会被曲解，利用又常常被作为保护的对立面。这样一来，城市的遗产在我们高效的城市开发机制下被蚕食得零零碎碎。

城市遗产保护是一个宽泛的概念，其中最核心部分的城市遗产空间的保护却往往被我们忽视。城市遗产具有活态的属性，因而城市遗产中的很大一部分是可以改造、可以变化的，甚至其中有些建筑是可以拆除的，因为在这种情况下要保护的城市遗产是它的空间。更重要的是，不论是改造、变化还是拆除，关键在于用什么空间和建筑去替代，替代的目的应该是为遗产空间注入新的发展动力和吸引力，替代的方式是保护遗产空间，因此简单的复原、仿古、协调，自然就是不恰当的。

2010上海世博会城市最佳实践区修建性详细规划

项目地点：上海市

项目功能：公共建筑

总建筑规模：103 300m²

占地面积：15.7hm²

建成时间：2010 年

作品简介

城市最佳实践区将各类建成环境元素（包括生态建
筑、交通方式、公共绿地和环境设施）作为参展案例，
有机整合成为一个"模拟街区"，完整地体现可持续
发展理念，包括混合用途、紧凑形态、公共空间主导、
非机动化交通方式、充分利用既有的建筑和设施等。
所在区域原为传统工业集聚区，规划保留工业建筑
占总建筑面积的 60% 以上，并对其进行功能化、时
尚化、生态化、节能化的改造，不仅成为各种展馆，
同时也是工业遗产再生的创新实践。在环境设计中
利用原南市发电厂的江水冷却系统，建立区域性的
江水源空调体系，显著地减少能源消耗和温室气体
排放；广泛采用先进的 LED 照明技术，不仅减少照
明能耗，还能实现智能化的照明控制和梦幻般的灯
光表演；各种街道设施不仅为游客提供便利、舒适
和愉悦的活动环境，也将成为生态环保的创新设计
范例。

1.2. 鸟瞰

3. 低碳生活建筑—阿尔萨案例

4. 低碳生活建筑—伦敦案例

5. 绿色交通方式—奥登塞案例

6. 节能环境装置—马德里案例

7. 总平面图

4

5

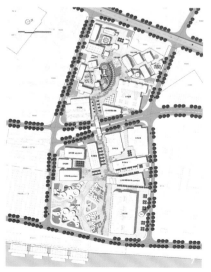

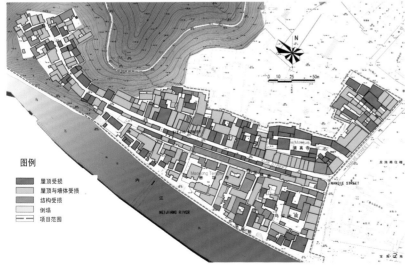

图例

■	屋顶受损
■	屋顶与墙体受损
■	结构受损
■	倒塌
- - -	项目范围

1. 街区鸟瞰

2. 总平面图

3~5. 街道实景

都江堰西街历史街区保护性重建

项目地点：四川省都江堰市

项目功能：灾后重建

建筑规模：20 000m²

设计／建成：2009/2014 年

作品简介

此项目为"5.12 汶川大地震"灾后重建项目。该项目位于世界遗产都江堰水利工程的缓冲区，是茶马古道之一的松茂古道的起点，是中国国家级历史文化街区。在灾后重建和历史街区保护的双重背景下，启动了基于"社区参与"的西街历史街区保护性灾后重建项目，以实现遗产保护、居民解困和地区发展的灾后重建目标。

项目包括五个阶段：1.编制保护规划，对建筑实行分类保护和分类重建，重点控制街区肌理与空间尺度；2.建立社区参与机制，采用"群众做主、社会参与"的方式，自始至终赋予私有产权住户充分的自主选择和参与项目的权利；3.采用"试点示范"，按保护规划要求小规模局部实施试点项目，推动居民的积极参与性；4.推行社区设计师制度，向居民解释保护规划意图与目标，为每户业主提供设计方案；5.参与政策制订及管理项目实施过程，并作为第三方从技术层面协调多方利益关系。

1. 鸟瞰图
2. 总平面图
3. 景观廊道
4. 商务园区

舟山市普陀区东港新区二期规划

项目地点：浙江省舟山市

项目功能：商务办公、商业休闲、文化娱乐、
　　　　　居住生活为一体的综合性城区

占地面积：3 900m²

设计时间：2006 年

作品简介

舟山东港新区位于舟山市普陀城区东北侧，是填海
而成的新兴发展片区。新区一期主要用于缓解老城
区居住空间紧张的问题。二期则成为城市形象及品
质提升的前沿阵地。规划以新区战略为起点，以人气、
活力、城市氛围等要素的提升为目标，通过公共空
间的组织及建筑形体的控制，建立起清晰、可识别
的城市空间意向。

公共性——项目团队借鉴后现代主义城市规划相关
理论，充分考虑城市新区的形成与变迁历程，通过
城市公共空间系统的再组织，为居民提供自主、多元、
具有活动引力的城市场景。

地域性——东港新区东侧面海、西侧临山，如何将
城市空间与山海资源进行衔接成为规划思考的重点。
设计根据周边用地情况，用积极的态度审视绿化通
廊，引入多条具有明确使用功能的山海轴线，将人
们从腹地引向海边。

实效性——项目团队以设计导则的方式落实规划概
念，规范开发行为，形成实效性新区开发模式的初
步框架。

1. 灾后重建规划图

2. R02 地块

3. 气象局

4. 幼儿园

5. 工商局

宝兴县灵关镇核心区修建性详细规划（新镇区）

项目地点：四川省宝兴县

项目功能：灾后重建

占地面积：48.61hm²

设计时间：2013 年

作品简介

灵关镇新镇区作为灵关组团四个灾民集中安置点之一，定位为综合商贸与居住组团，兼有县域经济与商贸中心综合服务中心的功能，配置县级综合职能部门、文化设施、教育科研设施、医疗卫生设施、大型商业服务设施等。规划中延续灵关镇的传统空间特征，建设新型居住生活组团，打造以城镇公共服务功能、生活居住功能为主体的复合型城镇街区，也是带动整个镇区重建与发展的核心组团。

本规划在顺应居民的重建安置意愿的基础上，提高社会混合度，避免人为的空间隔离所带来的环境质量与设施差异化，促进社会稳定和谐。新镇区的布局强调空间混合利用。多层与小高层住宅地块具有集中消费力，公共服务与其他配套设施具有空间带动力，为安置地块的商住混合空间及商业街道带来活力。新镇区致力于创造富于活力的生活空间，通过小尺度街区和院落空间的组织，梳理公共休憩场所与适合慢行交通模式的通廊空间，打造富于魅力的川西新镇示范区。

3

4

5

山东艺术学院长清校区校园规划　1. 全景

项目地点：山东省济南市　　　　　2. 新校区正面

项目功能：学校　　　　　　　　　3. 戏剧戏曲舞蹈楼

总建筑规模：344 500m²

占地面积：77.7hm²

建成时间：2006 年

作品简介

山东艺术学院巧妙利用三面环山一面环水的地形，将建筑、景观、道路竖向及分期发展充分与地形结合，以"山、水"为生态基础，人工与自然环境和谐共生。由于校园地形东西狭长，形似古代乐器"笙"，"笙"因此校园规划的设计主题为"青山碧水，凤笙和瑞"。以"绿涧"结合排洪冲沟，形成公共绿化带，通过水体、绿化带与步行空间向周边渗透。"依山而筑、临水而居"，最大限度地融合了学习生活空间与景观生态空间，有助于在校园中形成一种沉静优雅的气质与文化生活情调。

天津西站副中心城市设计

项目地点：天津市

项目功能：城市副中心

建筑规模：7 680 000m²

占地面积：617hm²

设计时间：2011 年

作品简介

规划确定其功能定位为：以市级商务商贸中心和综合交通枢纽为主导功能的天津西北部城市副中心。同时确立了"津西之门"的城市设计形象定位。

基于集聚、复合、网络、生态的设计理念，建立"一轴连三河，一体展两翼"的规划设计结构。通过一条空间主轴线，连接北运河、子牙河、南运河三条河道景观走廊和西站南北广场，形成主要公共空间框架；以商务中心区为主体，西站枢纽和西沽公园两翼展开，确立三大核心功能板块。

城市设计强化整体风貌特色与空间控制，以南北空间廊道为绿轴，串联"三河六岸"生态资源，打造网络型绿色城市副中心。

1.2. 整体外观

3. 鸟瞰图

浙江省建筑设计研究院
Zhejiang Province Institute of Architectural Design and Research

浙江省建筑设计研究院（以下简称"ZIAD"）创立于 1952 年，是中国勘察设计综合实力百强单位。本院设有 9 个综合建筑设计所，9 个专业设计所（中心）、设计室、设计分院以及 4 个子公司。业务范围涵盖建筑工程设计与咨询、城乡规划编制、建筑智能化设计、室内设计、岩土工程设计、市政公用工程设计与咨询、风景园林设计、工程项目可行性研究、项目评估、工程造价咨询、工程项目管理和工程总承包等领域。

ZIAD 现有职工 500 余人，其中中国工程设计大师 2 人、浙江省工程勘察设计大师 3 人、浙江省突出贡献中青年专家 2 人、教授级高级工程师 50 人、高级建筑师和高级工程师 160 余人、国家一级注册建筑师 83 人、一级注册结构工程师 79 人、注册规划师 13 人，其他各类注册师 100 余人。

多年来，ZIAD 以"设计创新，质量创优，诚信求实，团结敬爱，发展争先"为宗旨，荣获了"全国优秀勘察设计院"、首批"全国守合同重信用企业"、"'十五'全国建设科技先进集体"等多项荣誉称号。

Founded in 1952, Zhejiang Province Institute of Architectural Design and Research (ZIAD) ranks the top 100 engineering survey & design enterprises with comprehensive power in China. ZIAD owns 9 comprehensive architectural design institutes and 9 professional design institutes (centers), departments or branches, as well as 4 subsidiaries. ZIAD's main business scope includes architectural engineering design and consultation, compilation of urban and rural planning , engineering design of architectural intelligent system, interior decorative design, geotechnical engineering design, municipal public facility design and consultation landscape design, engineering feasibility research, project appraisal, construction cost consultation, project management and general contract, etc.

ZIAD has over 500 staffs including two national design masters, 3 provincial design masters, 2provincial outstanding contribution young experts, 50 professor senior architects and engineers, over 160 senior architects and engineers, 83 Grade-1 national registered architects, 79 Grade-1 national registered engineers, 13 registered planners and over 100 other registered professionals.

Over the past years, ZIAD has been insisting on the design innovation, quality excellence, credibility and truth seeking, solidarity and dedication, developing to take the lead. ZIAD had won many honorary titles including "National Excellent Survey and Design Institute", "the First National Contract and Credit Respected Enterprises", "Model Collective in the Tenth Five-Year National Construction Science & Technology Progress",etc.

在传承中创新

建筑设计是一门实践的艺术。自 1952 年成立以来的 60 余载岁月中，ZIAD 始终以国际化的视野、本土化的理念、专业化的技术和服务，用心实践着这门艺术。

从我国第一座采用马鞍形悬索屋盖结构的浙江省体育馆到浙江功能齐全的黄龙体育中心；从被收入英国出版的《世界建筑史》的笕桥机场候机楼到浙江门户机场——杭州萧山国际机场；从屹立于黄浦江畔的上海国际会议中心到杭州主城中轴线上的西湖文化广场……一座座地标性建筑的设计，一万余项国内外工程设计及咨询项目，400 余项国家、省部级各类奖项，正是 ZIAD 的实践硕果，昭示着 ZIAD 的深厚品牌内涵。

在艰苦卓绝、不断进取的实践过程中，ZIAD 逐渐形成了自身独特的建筑思想，总结出了一套完整的处理文化、技术、自然和时代之间平衡关系的经验。

1. 尊崇文化的传承和多元

文化，是建筑设计的基底。

不同国家和地区经过长期的历史积淀，形成了各具特色的地域文化。随着新时期国际和地区间交流的加强，这些文化中注入了更多的国际化和时代性内涵，呈现出全球性和地域性结合的形态。

ZIAD 尊崇文化的传统和多元，强调对于地域文化的体验和尊重。在几十年的设计创作中，ZIAD 的足迹遍及全国，包括西藏、新疆等在内的 20 余个省、市、自治区，同时在境外承担了多个国家的工程设计项目。在设计创作过程中，面对不同地域的文化背景，ZIAD 始终将环境先导、空间构筑、精品意识和社会责任作为创作的主基调，将不同地域的文化浸润到设计创作中，将文化的精髓和要素融入作品中，让设计追寻并呼应文化的律动，进而使作品成为当地文化新的表征。

2. 专注技艺的积累与革新

技艺，是建筑设计的核心。

ZIAD 认为，雄厚的技术力量、一流的专家团队，创新不止的企业精神，是建筑设计企业的立足之本，是实现建筑功能最优化的必备利器。一直以来，ZIAD 执着于对建筑技艺的追求，强调建筑创作经验的积累与传承，强调建筑技术的探索和实践，以严谨和开放、坚持和包容的态度对待技术的革新，力求达到技术与艺术的完美融合。

经过长期的积累、不断地创新，ZIAD 技术实力雄厚，已成

施祖元
法人代表、院长
教授级高级工程师
国家一级注册结构工程师
浙江大学岩土工程博士

曹跃进
副院长
教授级高级工程师
国家一级注册建筑师
同济大学建筑学硕士

许世文
总建筑师
教授级高级工程师
国家一级注册建筑师
华中科技大学建筑系硕士

地址（Add）：浙江省杭州市安吉路 18 号
邮编（Zip）：310006
电话（Tel）：86-571-85154691
传真（Fax）：86-571-85151540
Email：ziad@ziad.cn
Website：www.ziad.cn

为一家持有多项国家甲级资质的大型综合性建筑设计与咨询机构，在办公、宾馆、体育、交通、文化、教育和医疗建筑设计方面具有明显优势，在复杂超高层结构、大跨度空间结构和岩土工程设计等方面处于行业领先地位，获省部级科学技术奖 20 余项，主编、参编了 30 多项国家、行业和地方规范及标准。

3. 倡导环境的改造和守护

环境，是建筑设计的客体。

中国的城市，正在迅速发展、更新着，同时也对自然环境产生了明显且持久的影响。而建筑，正是城市的主体。ZIAD 在建筑理念上强调建筑与自然的协调，关注建筑本身与环境的契合，强调依着自然环境这一客体的脉络，形成建筑与环境的互动，在对环境的改造中实现对环境的守护。

在设计实践中，面对不断推进的城市化进程和商业利益导向，建筑与自然环境的契合难免成为一项奢侈追求。ZIAD 力求在每一次设计中，对自然和环境投以更高的责任心，并通过与客户的不断沟通，传达出这种理念和责任。通过实实在在的高水平设计，让客户相信，与自然相融的建筑，才是根本的舒适和真正意义上的美观。

4. 重视时代的变迁和担当

时代，是建筑设计的舞台。

面对时代的变迁和进步，建筑设计不仅仅是提供一栋建筑，更是提供一种充满时代精神的生活方式甚至生活态度。ZIAD 倡导以设计回应时代，以实现更好的生存和可持续的社会发展。而 ZIAD 几乎涵盖建筑设计全领域和全阶段的实力，为这种担当提供了底气。

面对城镇化建设和美丽乡村建设两大时代的主题，ZIAD 认为，无论城镇还是乡村，都是一个有机的综合体，因而倡导从有机整体的视角思考建筑，思考人在建筑空间中的活动，以更好处理建筑功能、形式与文化、自然、社会等各种矛盾和关系，表达人们对每座城市和村庄的感知和认同，创造出令人难忘的空间表情以及宜居、有生命力的互动空间形态。

未来发展中，ZIAD 必将继续秉承"设计创新、质量创优、诚信求实、团结敬业、发展争先"的宗旨，追寻梦想，坚守理想，强调建筑理念和技术的传承与创新，以设计铸就未来。

阿里巴巴(杭州)软件生产基地

项目地点：浙江省杭州市
项目功能：办公
总建筑规模：156 000m²
建成时间：2009 年
合作单位：澳大利亚 HASSELL 设计公司
　　　　　Australian HASSELL Design Company

作品简介

该项目采用先进的办公理念，以交融与交流作为主题思想，采用低矮的折形板式建筑交织成一整体，内部空间丰富多变。大面积韵律感的遮阳框架，既在功能上产生节能的效果，又在立面上形成统一的基本要素。

1.2. 街景
3. 内景

3

4

4.5. 庭院

6.7. 内景

杭州萧山国际机场二期国际航站楼

项目地点：浙江省杭州市

项目功能：航空交通

总建筑规模：95 825m²

建成时间：2010 年

合作单位：阿特金斯顾问（深圳）有限公司

作品简介

杭州萧山国际机场位于钱塘江南岸，新建国际航站楼位于现有航站楼的西南侧，满足年吞吐量 384 万人次的要求。国际航站楼设计了简洁有力的两个波浪层次，车道边雨棚采用国内到达厅的中型波浪尺度，而主体办票厅和指廊采用更舒展隽永的巨型波浪以隐喻钱塘大潮的磅礴气势。两期建筑通过层层波浪结合为有机整体，又各具特色。

1. 外观
2.3. 候机大厅
4~6. 内景

湖州市爱山广场
项目地点：浙江省湖州市
项目功能：商业步行街
总建筑规模：147 000m²
建成时间：2010 年

作品简介
该项目以"复兴、共生、本土、生长"为规划设计理念，
发掘城市设计的地域特色，体现文化品位。整体设
计形成三区围绕一公园，东街西院串联核心区为空
间结构体系，以"一线一十字"、"四环四端点"组
织动静态交通体系。

1. 广场
2. 外观
3. 鸟瞰
4. 外观

上虞市百官广场

项目地点：浙江省上虞市

项目功能：办公

总建筑规模：130 532m²

建成时间：2012 年

作品简介

该项目位于上虞市城北新区，办公楼（主楼）高207m。建筑地面以上50层，地下2层。从功能上分为：办公主楼、商业裙房、地下停车库及设备用房。在建筑细部表现上，突出其时代感，以玻璃幕墙为主，采用精致、细腻的分格，给人亲切、流畅的感觉，突出材料间的变化，但又与整体保持协调。

1.2. 沿江全景

3. 外观

4. 室内

千岛湖润和度假村酒店

项目地点：浙江省杭州市

项目功能：酒店

总建筑规模：53 000m²

建成时间：2011 年

作品简介

项目位于千岛湖梦姑岛上。设计尽量结合原自然山水条件和地形地貌，利用最佳景观来排布建筑物，使建筑与周围环境融为一体。建筑体形上采用局部退台的方式与山体走势有机结合，使酒店的建筑体量错落有致，形成了比较丰富的建筑天际线。

1. 鸟瞰
2.3. 外观

新世界财富中心

项目地点：浙江省杭州市
项目功能：办公、酒店
总建筑规模：202 799m²
建成时间：2013 年

作品简介

本项目在总体布局上强调合理分区的原则。为了不对城市道路景观形成大大的压力，设计了 2 栋高度分别为 246m、180m 的塔式高层，沿市心北路展开，用一个 6 层高的裙房把两者连为一体。整组建筑既挺拔有力又和谐大气，两塔楼一高一低遥相呼应，可以称之为姐妹楼。

1.2. 塔楼
3.4. 裙房

ECADI 华东建筑设计研究总院
EAST CHINA ARCHITECTURAL DESIGN & RESEARCH INSTITUTE

华东建筑设计研究总院（ECADI）是中国最具影响力的建筑设计机构之一，由原华东建筑设计研究院有限公司改制更名而来，是现代设计集团中，从事高端项目设计的最大设计主体。自 1952 年成立以来，经过 60 余年的发展，ECADI 始终屹立于行业前端，已成为中国最具国际竞争力的设计企业。

ECADI 拥有悠久的历史、雄厚的技术实力和良好的社会声誉。一直注重在设计过程中的技术创新和经验积累，依靠先进的设计理念、精湛的技术、丰富的经验和职业化的服务管理，总院在城市规划、城市综合体、超高层、酒店、商业、交通枢纽、会展、文化、观演等产品领域中完成了一大批有挑战性的重大工程实践。ECADI 始终以客户需求与目标价值为基点，从自身的核心技术优势出发，致力于实现客户利益和社会环境效益的最大化。

ECADI 密切关注并深刻理解设计行业最重要发展趋势，集成并提升各专业和各专项技术的高端核心竞争能力，根据目标客户的差异化需求，度身定制优秀设计产品，稳步提升高端市场的占有率及美誉度，树立中国自主品牌的标杆。

多年以来，ECADI 立足上海，承担了上海一半以上的标志性建筑设计任务，是上海"四个中心"建设的骨干企业。

East China Architectural Design & Research Institute (ECADI) is one of the most influential architectural design institutes in China, reformed from the original East China Architectural Design & Research Institute Co., Ltd., and it is the largest main design company for premium end project design in Shanghai Xiandai Architectural Design Group. Since its establishment in 1952, ECADI has always been at the cutting edge of the architectural design industry, and already become the most internationally competitive design enterprise of China.

ECADI possesses a long history, strong technical capability and good social reputation. It always pays attention to the technical innovation and experience accumulation during design. Relying on advanced design concepts, exquisite technologies, rich experience and professional service management, it has completed a lot of challenging significant projects in the fields of urban planning, urban complex, super tall building, hotel, commerce, traffic hub, conference & exhibition, culture, theater and other products. ECADI has always rested on the basis of the demands and target value of its clients tried its best to maximize the benefits of both its clients and social environment by utilizing its core technical advantages.

ECADI has been closely paying attention and thoroughly understanding the most important developing trend of the design industry, integrating and raising the premium end core competitive force of the disciplines and specialized project technologies, producing custom-made distinguished design products in accordance with the differentiated demands of its target clients so as to stably raise its occupancy and reputation in premium end market, and set up a model of Chinese self owned brand. ECADI has based on Shanghai for many years, undertaking more than half of Shanghai's landmark architectural design tasks.

国内领先 国际一流

1. 原创与品质控制

在原创实践中不断探索建筑的创新理念和技术手段，以建筑创作和品质控制等战略性人才领衔，不断完善重大项目方案创作的协同工作模式和评审决策机制，落实原创与品质控制的全过程工作，根据客户的不同需求，主动参与客户的开发定位和决策过程，度身定制符合市场和社会需求的优秀原创设计方案，并确保其能够有效地实施。在与国际优秀建筑设计公司的公平竞争中，在超高层建筑、酒店建筑、机场枢纽、商业及综合体建筑、总部办公建筑、广电建筑、观演建筑等各种大型公共建筑产品类型的方案创作中，积累了大量成功中标的优秀案例和核心技术经验。近年来原创中标项目合同额在公司所有合同额中的占比持续保持 70% 以上，在行业内具备优势地位。

2. 专项化发展

1）超高层建筑

紧密跟踪超高层建筑设计技术的最新发展趋势，注重技术创新和积累，建立面向客户和市场的核心技术研发系统。在选址、布局、平面分析、竖向交通和防火防灾设计方面，复杂结构分析、抗震、防风、地下室基坑的结构围护方面，机电设备和建筑节能及环境评估、绿色环保等各专业领域都积累了丰富的经验和前沿技术。完成了以中央电视台新台址、上海环球金融中心为代表的一大批最具有高技术含量的优秀作品。

2）酒店建筑

作为 20 世纪 60 年代开始成为首批被国家级"旅游建筑指导性设计院"之一，至今已经承担了超过 170 栋以上五星级酒店项目的设计。专项化团队全方位开展酒店专项技术研究，包括国际酒店管理公司管理模式比较和建筑设计分析、品牌酒店的发展趋势和建筑设计理念与实践。还包括酒店内部的交通、客房、后台（BOH）及酒店设备系统等酒店工艺的设计和优化、节能控制、智能化运用等许多方面的深入研究。在上述各分支研究基础上，构建了完整的酒店设计专项技术的数据库框架。

3）商业建筑

精心研究分析业主最为关注的内容，包括引入聚集人气、创造舒适有趣的消费环境、统筹考虑各类动线的优化整合、优化商业项目的招商、运营、节能减排等方面的技术要求，在此基础上致力于整合商业策划、招商等顾问资源，综合运用建筑美学、视觉艺术、消费心理学、行为科学等专业知识，落实和实施商业业态、顾客流线、功能布局、建设规模，通过创意和

地址（Add）：上海市汉口路 151 号
邮编（Zip）：200002
电话（Tel）：86-21-63217420
传真（Fax）：86-21-63214301
Email：info@ecadi.com
Website：www.ecadi.com

高品质设计，为业主提供人气旺盛、高价值的商业项目。

4）城市综合体

致力于通过建立城市综合体完整的设计产业链，综合运用建筑学、视觉艺术、心理学、行为科学等专业知识，分析和推荐城市综合体业态、交通组织、动线设计、功能布局、建设规模，并结合超高层、办公、酒店、商业、文化娱乐等的专项技术研究成果，通过功能整合和高品质设计，实现城市综合体利益最大化、打造高端的城市综合体设计产品。

5）交通建筑

在机场航站楼建筑设计领域中，专注原创、科研、设计总包服务，成就专项化核心技术优势。已为上海、南京、杭州等 8 个一二线城市的 12 座航站楼提供设计服务。原创中标 6 个项目、设计总承包服务 3 个项目，率先在大型公共建筑设计领域替代国际一流建筑设计事务所，并以设计总承包平台整合国际优秀资源。

6）总部办公建筑、会展建筑等

在办公建筑、文化教育宗教建筑设计方面，与中央和地方各级党政部门、大型央企、大型金融机构、大型房地产开发商、著名文化教育宗教机构保持良好的合作关系，出色完成了许多

中央和地方党政机关办公楼、大型央企总部、大型金融企业总部、高端房地产开发项目，以及许多高品质文化教育宗教建筑。在观演建筑、广电建筑、医疗建筑设计方面依托特色设计团队，完成了以许多国际级和国家级的标志性项目，在业界具备大量的高端项目积累和行业领先的核心技术竞争优势地位。

7）文化建筑

通过不断强化文化项目设计的原创能力和专业化能力，不断强化技术与人才的核心竞争力，建立了面向设计市场和行业的先进技术。经过不断地沉淀、积累和创新，在文化建筑设计领域已经完全具备了同一线境外设计公司同台竞争的实力，并原创设计了梅赛德斯—奔驰文化中心、普陀山观音文化园、无锡灵山梵宫等一系列具有影响力的优秀作品，赢得了广泛的社会声誉。

8）城市设计

面对政府、城市运营商、房产开发商等不同开发主体，针对性地提供城市产业定位研究、城市设计、详细规划编制、规划实施管理咨询、环境与景观设计等多个层面的全方位服务，并在酒店度假区规划、CBD 城市设计、绿色城市策划、高新产业园区构建、轨道交通综合开发、混合社区营造等领域具有独特的设计理念和专项特长。

北京会议中心八号楼

项目地点：北京市
项目功能：会议、办公
总建筑规模：28 513.5 m²
设计／建成：2010/2012 年

作品简介

北京会议中心八号楼处于整个北京会议中心的中部，位置十分重要，周边环境优美。建筑空间形态借鉴并结合具有北方特色的四合院的建筑空间形式。总体建筑形态以东西向为主轴线，各功能空间采用围合的形式基本沿主轴线对称展开布置。形成门楼、大厅、内庭院和小庭院、下沉庭院等丰富的空间序列。建筑群与四周绿化、水系环境相融合，营造出富于地方特色的建筑空间环境。

建筑形态着力突出北京地方特色与现代建筑精神，与地形及周边环境相结合，典雅庄重。东面主入口处为一层挑空的门楼式建筑风格，建筑群体沿水平方向展开，以石材的建筑主体和大屋顶为基本建筑组合方式。大屋面采用深灰色陶土瓦，配以深灰色铝合金屋脊、檐口与吊顶，大屋顶出檐深远，气度非凡。建筑墙面以米灰色石材为主，局部配以玻璃、金属、木材相结合的手法，石材墙面形成厚重的建筑体量感，硬朗大气，金属、石材和玻璃的组合进一步刻画出传统地方建筑的意境，雄浑的建筑体量，精致的细部刻画，明快的材料组合，彰显中式古典建筑的神韵和现代建筑的风范。

1. 庭院
2.3. 外观
4. 总平面图
5. 室内

港珠澳大桥珠海口岸工程

项目地点：广东省珠海市

项目功能：口岸

总建筑规模：395 097m²

设计时间：2013 年

作品简介

港珠澳大桥跨越珠江口伶仃洋海域，是一座连接香港、珠海和澳门的大型跨海通道。工程建设内容包括：港珠澳大桥主体工程、香港口岸、珠海口岸、澳门口岸、香港接线、澳门连接线以及珠海接线等。口岸区人工岛是整个港珠澳大桥的重要组成部分，位于珠海拱北湾南侧，是一座填海形成的人工岛。在本项目的设计中，充分体现"以人为本"的旅客集疏运及通关理念，以及"快捷通畅"的货运通关要求，除解决好港珠之间的联系外，充分考虑港澳之间的联系以及口岸区与配套区、综合开发区的功能衔接，满足兼容并蓄的城市景观需求，展示汇通三地的区域门户特征。

1. 外观
2. 鸟瞰
3. 入口
4. 室内
5. 总平面图
6. 外观

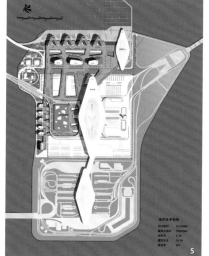

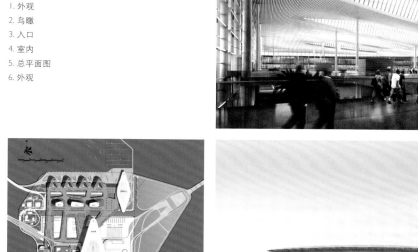

238

239

虹桥商务核心区D23项目

项目地点：上海市

项目功能：商务办公

建筑规模：250 000m²

建成时间：2015 年

作品简介

项目依托虹桥交通枢纽区域整体发展优势，地处虹桥商务区南端入口门户，凸显区位和交通优势，将成为地标性的商务办公综合体。

根据规划导则要求，在总体布局上，1~6号楼沿城市道路或城市绿化带布置，场地中部自然围合的区域设计为公共景观绿地，结合中央地下商业空间的下沉式庭院，构成 D23 商务区的中心公共景观绿地。办公楼面向中心庭院层层退台，设计成屋顶花园，打造宜人的办公环境。地块内人车分流，把主要车行流线设在地下一层。办公楼在首层和地下一层设置跨层的大堂，分别作为地面和地下主入口。独特的双大堂设计，使人流既可由地面层进入，也可车行驾至地下一层环道，经过入口庭院到达两层通高的大堂，或是驾车至地下三层车库，由电梯直达办公楼层。

4

1. 中心庭院
2. 屋顶花园
3~5. 办公楼

5

南京禄口国际机场二期工程

项目地点：江苏省南京市

项目功能：交通运输

总建筑规模：263 341m²

占地面积：111 400m²

设计 / 建成：2010 年 / 在建

作品简介

南京禄口国际机场的战略定位是成为"中国大型枢纽机场、航空货物与快件集散中心"。T2 航站楼的年处理旅客量为 1 800 万人次，设计中充分考虑了以人为本的设计原则，结合配套的服务设施营造怡人的空间环境，将南京禄口国际机场建设成为高品质、人性化、智能化及环保节能型的枢纽机场。

设计注重高效便捷的旅客流程及合理的功能布局，其中 T2 共设有四个楼层，分别是出发层、到达夹层、站坪层、地下机房共同沟层，并采用"两层式"旅客流程，国内国际旅客分离，出发到达旅客上下分层，经交通中心与 T1 和地铁相连。同时，设计还充分考虑人性化设计，绿色节能的可持续发展设计理念，打造绿色机场，一体化屋盖的造型体现出机场的门户形象，交通顺畅，换乘便利等各个方面。

1. 鸟瞰图

2. 航站楼轨道透视图

3. 鸟瞰图

4. 交通中心透视图

5. 航站楼总平面图

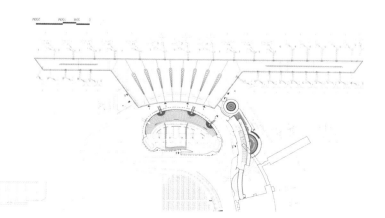

5

世博会博物馆

项目地点：上海市

项目功能：展览

建筑规模：46 550m²

占地面积：4hm²

作品简介

世博会博物馆是国际展览局唯一的官方博物馆及文献中心。设计方案以"世博记忆"与"城市生活"为设计主题，将建筑作为"承载欢乐记忆的时间容器"，收纳每届世博会的闪亮"瞬间"和记忆"永恒"。在形体特征方面，世博会博物馆用代表历史、冥想和永恒的"历史河谷"和代表未来、开放和瞬间的"欢庆之云"意象叠合来演绎主题。"历史河谷"作为主体表现世博会历史的厚重感，飘浮其上的"欢庆之云"，作为多功能展示服务大厅，突出了世博馆的标志性。

1. 外观

2. 庭院

3.4. 建筑夜景

5. 总平面图

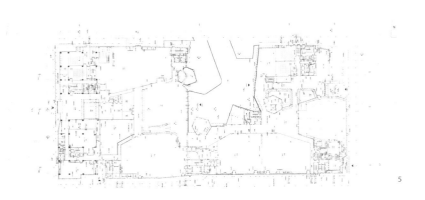

5

武汉泛海宗地15超高层主塔楼

项目地点：湖北省武汉市

项目功能：办公、商业

总建筑规模：309 400m²

作品简介

多种功能的竖向集成使本项目成为新的城市图腾，垂直交通体系将商业、办公有机联结，模拟出不同层次的城市意向，成为这个不断升腾的大都会的物质空间缩影。

平面从方形作为原型，将四边进行圆滑处理，两角的导角，使建筑自然的形成了两个光滑优美的外表皮，顶部面向梦泽湖的切削处理更成为建筑形象的点睛之笔，引领整个 CBD 扬帆起航。

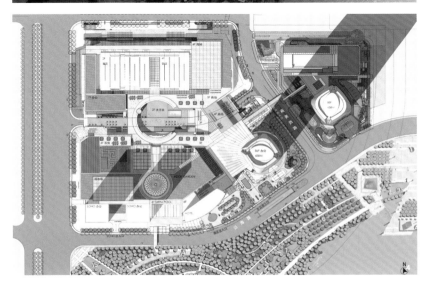

1. 滨河景观
2. 室内
3. 鸟瞰图
4. 总平面图

观音文化园

项目地点：浙江省舟山市
项目功能：文化建筑
占地面积：9 000m²

作品简介

观音文化园规划区域位于舟山市普陀区朱家尖白山景区一带。项目法界总体构想是要打造以观音文化为主题，集朝圣、观光、体验、教化功能于一体，集观音菩萨和观音文化之大成的观音博览园。在硬件形态上凸显能够代表当代佛教建筑最高典范的"建筑地标"，在软件功能上成就现代佛教弘化理念的"文化地标"，确保艺术品位、人文价值与纯正信仰的高度统一，打造成当代佛教建筑的传世之作和观音信众的心灵家园，呈现一派人间佛教的景象。

1.2. 透视图

合肥滨湖新区CBD综合体项目

项目地点：安徽省合肥市

项目功能：商业综合体

建筑规模：2 100 000m²

作品简介

高——定位高，打造合肥新名片。建筑高，超高层就有7栋，最高栋大于500m。地块净容积率高，其中T1~T6地块容积率均在10.3以上，最高达到20.6，住宅容积率达到5.6。净建设用地的建筑覆盖率高，T1~T7地块都达到55%。

多——类型多，有办公、住宅、大型MALL、商业街、五星酒店、度假酒店、公寓等产品。

大——规模大，总占地面积大，总建筑规模多，水面大。设计难度大，完全打破原有的控规规划，对原地块范围、性质、强度均重新进行了划分设定。置换了原有公园的面积到综合体内部，并为解决交通还设置有地下隧道，导致该地块设计难度加大。

1.2. 鸟瞰图

3. 剖面图

世博轴综合利用改建工程

项目地点：上海市
项目功能：综合体
建筑规模：288 101m²

作品简介

本工程为改建工程，是对原世博轴及地下综合体工程进行功能性改建，将其从交通枢纽综合设施，转变成集商业、餐饮、娱乐和展示为一体的大型商业综合体，带动后世博开发和一轴四馆区域的繁荣。

2010上海世博会期间，世博轴作为浦东世博园区主入口，承担了约23%的客流入园，是世博会立体交通组织的重要载体，由地下两层（局部三层未启用）、地面一层和高架步道层、阳光谷玻璃顶及索膜组成。南北方向长约960m~1045m，东西方向宽约80m~110m。南段对耀华路为入口广场，地下二层连接M7、M8号线耀华路站。中段东连中国馆，西接主题馆，地下连通M8号线周家渡站。北段连接公共活动中心、世博演艺中心及庆典广场，面向黄浦江。

设计保留原世博轴道路环境体系、索膜结构和阳光谷钢结构以及原防火疏散系统。根据业主商业布局要求梳理商业及配套功能，将原开敞的交通空间封闭改建成各类商业空间；改善垂直交通，增加电梯、自动扶梯和楼梯；对原基本用于交通的80m宽的高架步道层外围间断性有序列地加建商业店铺。对北广场建筑形态（原坡道）进行改造。

改建后的世博轴，容纳了集中商业、零售、餐饮以及娱乐，其比例为商业61.4%/餐饮30%/娱乐8.6%。

1. 外观
2. 室内
3. 建筑夜景
4. 室内
5. 总平面图

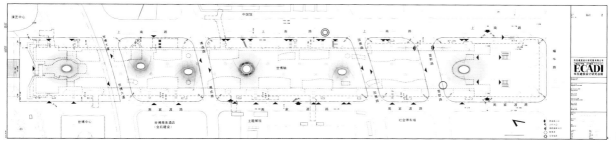

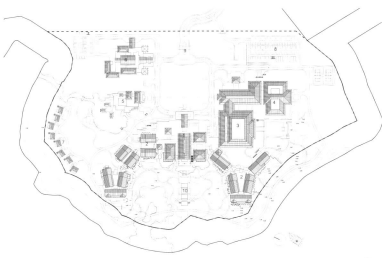

武汉生态城碧桂园会议中心酒店

项目地点：湖北省武汉市
项目功能：公共建筑
总建筑规模：106 900 m²
设计时间：2009 年

作品简介

武汉生态城碧桂园会议中心酒店总体采用分散式中轴对称布局，内外分区的基本手法，整个建筑群分为酒店会议中心主楼、娱乐中心、水疗中心、酒店别墅。设计很好地将各功能分区统一在有机的次序中。整个建筑群以酒店公共活动区为中心，外区右翼向上延伸布置宴会及会议功能区，外区左翼与会议中心对称独立布置娱乐中心及水疗中心，内区左右两翼均布置"折线"形客房楼，外区围合形成入口广场，内区酒店公共区与客房区围合形成酒店内部活动景观花园，而会议宴会区围合形成的室外空间为布置草坪婚礼草坪及安排室外健身活动提供了可能。

3

4

武汉世茂嘉年华商业中心

项目地点：湖北省武汉市

项目功能：商业

总建筑规模：532 556.76m²

设计时间：2010 年

作品简介

武汉世茂嘉年华商业中心，地处湖北武汉市郊文岭半岛，位于知音湖大道和世贸大道之间，河流湖泊环绕四周。武汉世茂嘉年华商业中心以综合性商业、餐饮、大型室内主题公园、公寓酒店功能为主，具体业态包括：量贩店、家居店、世茂影院、娱乐中心、百货、家电卖场、运动主题店、湖滨公寓、室内商业街、室外湖滨商业街、餐饮店，位于项目的中心还有一座极具吸引力的多元化大型室内主题游乐园。

1. 鸟瞰图

2. 外观

3.4. 室内

苏州中南中心

项目地点：江苏省苏州市
项目功能：城市综合体
建筑规模：370 000m²

作品简介

苏州中南中心基地位于苏州金鸡湖湖西 CBD 核心区。项目东北为无遮挡的金鸡湖景观、湖景资源优势明显。周边主干道紧接南环、北环高架及园区城铁站，轻轨一号线贯穿整个项目区域，该地块已是一个汇集办公、购物、休闲、娱乐、旅游居住一体的超大型城市综合体。
苏州中南中心项目塔楼建筑主体包括顶层的观光层、7 星酒店及会所、酒店式公寓、公寓式办公、甲级办公和商业等公共空间；裙房包括商业，娱乐，宴会厅及会议功能。地下室功能为观光、办公大堂，餐饮商业、后勤配套以及停车等。

1. 外观

5

同济大学建筑设计研究院 (集团) 有限公司
TONGJI ARCHITECTURAL DESIGN (GROUP) CO.,LTD.

同济大学建筑设计研究院 (集团) 有限公司 (TJAD) 的前身是成立于 1958 年的同济大学建筑设计研究院，是全国知名的大型设计咨询集团。

依托百年学府同济大学的深厚底蕴，经过半个多世纪的积累和进取，TJAD 拥有了深厚的工程设计实力和强大的技术咨询能力。TJAD 的业务范围涉及建筑行业、公路行业、市政行业、风景园林、环境污染防治、文物保护等领域的咨询、工程设计、项目管理，以及岩土工程、地质勘探等，是目前国内资质涵盖面最广的设计咨询公司之一，在全国各个省、欧洲、非洲、南美洲、亚洲有近万个工程案例。TJAD 汇聚了 3 000 多名优秀的工程技术人才，为客户提供一流的工程咨询服务，通过我们的卓越能力推动城市的发展、建立美好的生活。

我们深知是客户的信任使 TJAD 获得了发展的机会，同时我们不会忘记我们的职责，TJAD 将一如既往地承担起企业的社会责任，为行业的发展和社会的进步不懈努力。

Tongji Architectural Design (Group) Co., LTD.(TJAD), formerly known as the Architectural Design and Research Institute of Tongji University, was founded in 1958 and has now developed into a well-known large-scale design consulting group.

With one hundred years' history and the profound cultural foundation of Tongji University, TJAD has accumulated rich experience in both engineering design and technical consultancy through continuous progress in the course of half a century.

TJAD has the most extensive coverage of national qualifications. The business scope of TJAD includes consulting, engineering design, project management, geotechnical engineering and geological exploration in fields of building engineering, road engineering, municipal engineering, landscape, environmental pollution prevention, and conservation of historical and cultural relics, among others. It has dealt with thousands project cases in China, Europe, Africa, South America and Asia.

TJAD has employed more than three thousand outstanding architectural design and engineering personnel to provide top engineering consulting services for our clients.

创新与未来

　　TJAD 的成长伴随着中国经济的快速发展，在这样的时代机遇下，TJAD 确立自身明确的发展方向，用高品质的设计在建筑设计行业中取得一席之地。TJAD 具有得天独厚的品牌优势，依靠同济大学高校科研资源，全力打造建筑研究、设计与实践三个层面的有机结合的"设计机场"。上海历经沧桑却充满活力的都市文化也赋予 TJAD 兼容并蓄的海派文化以及多元、自由、创新、包容的学术精神和创作氛围。

　　TJAD 近年来迸发出巨大的活力和竞争力，完成多个具有较大社会影响力的重要项目，其中如上海中心、援非盟会议中心、上海世博会主题馆、奥运会乒乓球馆等项目顺应多个国家"大事件"的发生，项目的成功也相应地获得了社会各方面的关注与正面评价。同时，TJAD 也设计了很多真实关联城市文化发展的建筑，关注其能否真正影响与推动所在区域的文化交流，注重其开放性与日常性等特征，同时积极探索可持续发展的可能

性，使得建筑呈现出纷繁的多样性，不断出现独特的功能空间。

　　成功是长期积累的过程，并在发展过程中一直坚持三点战略。第一，坚持原创设计，长期以来积极对本土建筑设计特色进行挖掘和创造，这种坚持同时也依托于同济大学技术资源的支持。第二，坚持以人为本，以建筑设计为核心，长期以来对员工保有高度的人文关怀，重视个人工作条件和成长机会，注重作为龙头的建筑专业和其他各专业之间的交流与配合。第三，坚持适度产品研发，坚持对设计市场主导产品进行持续研发，全面和精确地把握市场需求和发展动向。这种具有前瞻性的创新研发能力，得益于 TJAD 长期以来科研、教学与实践紧密互动的品牌基因。

　　经过半个多世纪的发展过程，当面临着国内建筑设计行业市场转型、竞争格局改变等重要战略机遇时，保持行业的引领地位是同济人不懈努力的方向，我们将继续立足自身发展，避

丁洁民
总裁、结构总工程师
博士研究生导师
结构工程专业教授、研究员
中国国家一级注册结构工程师
英国皇家资深注册结构工程师

张洛先
执行总建筑师
硕士研究生导师
教授级高级建筑师
国家一级注册建筑师

巢斯
总工程师
硕士研究生导师
教授级高级工程师
全国一级注册结构工程师

地址 (Add): 上海市四平路 1230 号
邮编 (Zip): 200092
电话 (Tel): 86-21-65987788
传真 (Fax): 86-21-65985121
Email: info@tjadri.com
Website: www.tjad.cn

免单纯的规模扩张，以创新和技术为先导，整合资源，优化配置，进一步加强市场竞争力。

建筑设计不再停留于满足最基本的坚固、实用、美观的评判标准，行业发展对建筑师提出了更高的精神层面的要求——当代中国建筑设计必须追本溯源，吸取传统文化精髓，找寻一条具有本土特色、适合中国国情的当代建筑设计的发展道路。

未来，要保持企业的持久生命力，就要顺势而为，抓住历史机遇，提升品质创造价值的灵活性；要坚持"专注"是设计创新的基础，持续地专精于高端精品项目，不断强化质量管理体系和完善人才体系建设；不放松同济人的精神核心——"进取"，本着终身学习的精神，破除陈旧的发展观念和思想，坚守传承与创新的理念，对建筑设计新领域不断探索与追求。TJAD正在朝这个方向不断地努力着，我们有理由相信——同舟共济，追求卓越。

北京建筑大学新校区图书馆

项目地点：北京市
项目功能：图书馆
建筑规模：35 625m²
建成时间：2013 年

作品简介

本项目位于北京建筑大学新校区中轴线上，面向南校门及广场，是整个校区景观视线与交通轴线的核心。建筑方正的体量感体现了对校园整体规划的尊重，同时下边缘的波浪曲线体现对水的隐喻。建筑表皮从中国传统文化的剪纸艺术及漏窗形式获得灵感，同时结合"知识海洋"的隐喻和五行理论，形成鱼鳞状表皮肌理。图书馆采用开放的空间布局格式，阅览与共享空间层层叠加、跌落，加之室内空间引入自然光线营造舒适的阅读空间氛围。底层开放性的中央大厅，采用青砖铺地及主题墙，体现对北京当地传统的尊重。

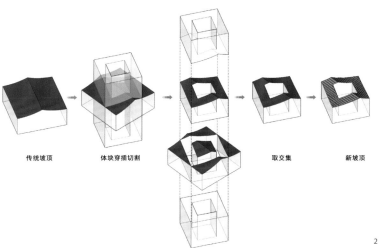

传统坡顶   体块穿插切割   取交集   新坡顶

2

3

范曾艺术馆

项目地点：江苏省南通市
项目功能：展览
建筑规模：20 529m²
建成时间：2014 年

作品简介

在整体观、体悟观、平衡观的中国传统文化价值体
系的框架下，打造层次丰富、灵动融通的空间形态。
一、基于一体化设计原则，整合建筑景观资源，打
造校园艺术区域。二、基于中国式院落精髓构架以
水院、绿院为主体的立体院落。三、基于传统文化
价值认同的现代手法演绎，传统建筑坡屋顶形制与
新材料的结合，传统建筑纱帘、帷幕通过陶棍的组
合排列营造朦胧纯净的空间层次，藻井式暴露结构
达到建筑与结构逻辑的统一。

1. 主入口透视
2. 屋顶演绎
3. 立面生成
4. 三层屋顶合院
5. 三层屋顶合院看水院
6. 底层入口灰空间及架空藻井

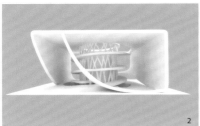

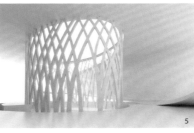

1. 东南角鸟瞰
2~5. 形态分析
6. 坡道与枝状柱
7. 西北角透视
8. 手绘草图
9. 底层流线分析

2015米兰世博会中国企业联合馆

项目地点：意大利米兰
项目功能：展览
建筑规模：2 000m²
建成时间：2015 年

作品简介

2015 年意大利米兰世博会的主题为"滋养地球，生命能源；为食品安全、食品保障和健康生活而携手"，促进人与自然的和谐均衡发展。中国企业联合馆在确定展览主题的时候，选择"中国种子"的意象，来反映中国企业的发展与成长，展示中国企业重视食品安全，珍惜自然资源的发展目标。建筑设计的灵感也来源于种子，建筑表皮卷裹的动势是对种子萌芽和生长过程的模拟，双重环形坡道则是对 DNA 分子结构的隐喻；建筑核心的垂直绿化直接将生机引入建筑内部，建筑在多方面回应自然和生命的主题。

6

7

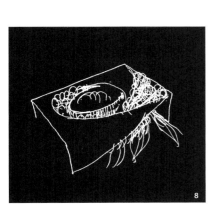

8

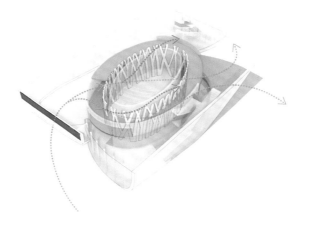

9

山东省美术馆

项目地点：山东省济南市
项目功能：美术馆
建筑规模：51 150m²
建成时间：2013 年

作品简介

山东省美术馆规模宏大，地是我国在建的最大规模的现代美术馆。建筑形体呈现为正在渐变中的状态——"山、城相依"。具有山型特征的建筑形体逐渐过渡到方整规则的状态是对山东的风土地理特征最恰当的诠释。自然与人工，无序与有序，它反映了内部公共空间的状态，也反映了不同类型展览空间的并置关系。作为对设计概念的深化补充，公共空间的自然采光与空间布局紧密结合，呈现出有机错落的形态特征，暗示了遍布济南全城的泉池布局，烘托出"泉、城相映"的深层内涵。

1. 建筑形体的过渡
2. 西南角透视
3. 空间界面层叠展开
4. 中央大厅

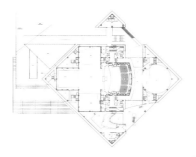

2   3   4

1. 侧立面
2. 二层平面图
3. 三层平面图
4. 四层平面图
5. 五层平面图
6. 六层平面图
7. 主入口透视
8. 总平面图
9. 空中廊道与圆筒的相对关系

5   6

上海嘉定保利大剧院

项目地点：上海市
项目功能：剧院演出、会议
建筑规模：55 904m²
建成时间：2014 年
合作单位：安藤忠雄建筑研究所

作品简介

大剧院内设置两个厅，其中大观众厅 1 572 座，多功能厅 498 座，为大型剧院。这是一座能够与自然对话的建筑。在体型 100m×100m×34m 的纯净立方体内，通过 4 组直径 18m 的圆筒空间的贯穿分隔，营造出丰富的室内空间效果。立面清水混凝土墙外饰以通透的玻璃幕墙，既形成了双层呼吸幕墙，降低建筑能耗，又消减了建筑自身的体量，使得剧院仿佛晶莹剔透的水晶盒子般座落于远香湖畔。

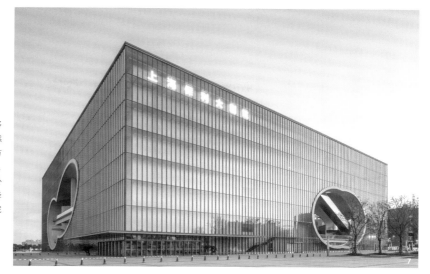

7

8

9

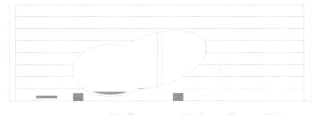

12

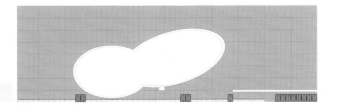

13

10. 圆筒内的光线变化
11. 东南角远眺保利大剧院
12. 东立面混凝土分格图
13. 东立面图

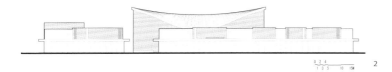

2

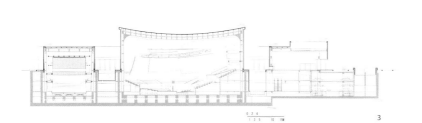

3

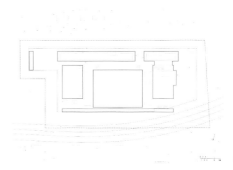

4

上海交响乐团音乐厅

项目地点：上海市
项目功能：文化演艺
建筑规模：19 950m²
建成时间：2014 年
合作单位：矶崎新工作室

作品简介

项目位于上海衡山复兴历史风貌保护区，"尊重"和"融合"最终成为本方案的两个关键词。为了使本工程达到世界一流的音响水准，采用了"套中套"结构形式和隔而固避振弹簧来降低地铁 10 号线对排演厅的噪音干扰。排演厅采用混凝土双层墙、顶、底板结构形成独立密闭的空间，以隔绝所有空气传声。两个排演厅与建筑其他部位完全断开，以隔绝任何固体传声的可能。在两个排演厅下方的结构大底板上设置隔振弹簧承托两个排演厅结构，以彻底隔绝来自地铁 10 号线的振动影响。

1. 鸟瞰图
2. 北立面图
3. 剖面图
4. 总平面图
5. 小排演厅室内
6.7. 大排演厅室内

上海市崧泽遗址博物馆

项目地点：上海市
项目功能：文化遗址博物馆
建筑规模：3 680m²
建成时间：2014 年

作品简介

崧泽文化遗址是上海市迄今为止最为古老的文化遗址。设计取意"历史的剪影"，将高低错落、体量各异的建筑元素叠合交错，仿佛将散落时间长河的珠玉重新汇集一体，契合青浦周边江南水乡的人文地貌及水系纵横的自然地貌。以小桥、流水、村落和庭院的画面剪影将现代与历史定格在遗址博物馆，为博物馆赋予浓郁的地域与人文气息。体块划分呼应考古发掘的探方尺度，对遗址的考古特点加以刻画，也更好地把文化与时间的概念通过建筑语言表达出来。

1. 小庭院透视
2. 鸟瞰图
3. 门厅透视
4.5. 展厅内景

上海自然博物馆

项目地点：上海市

项目功能：展览

建筑规模：45 088m²

建成时间：2014 年

合作单位：PERKINS+WELL 设计事务所

作品简介

建筑的整体形态灵感来源于螺的壳体形式，内部参观流线围绕中心景观布置，博物馆的各展厅组织在螺旋式的空间秩序中。博物馆的大部分面积是展厅，其他功能包括为展厅服务的管理人员办公、周转库房、停车以及为参观者服务的餐厅、商店，还有一个可独立开放的 IMAX 影院，这些功能 75% 被安排在地面以下，使地面上的建筑体量大幅减小以融入雕塑公园的绿化中。设计中将博物馆看作是一个抽象的"山水花园"，而建筑作为山脉包围着水体。建筑中使用由源于传统园林亭台中的抽象自然图案组成的遮屏，作为围合花园的玻璃墙体的支撑结构和遮阳体系，这一图案化的表皮同时也隐喻着人类的细胞组织结构。

1. 西南向透视
2. 主入口透视
3. 整体鸟瞰图
4. 总平面图
5. 中庭透视与细胞墙光影

6

7

8　　　　　　　　　9　　　　　　　　　10　　　　　　　　　11

6. 室内展陈
7. 南向夜景透视
8. 地下二层平面图
9. 地下二层夹层平面图
10. 地下一层平面图
11. 地下一层夹层平面图
12. 一层平面图
13. 二层平面图
14. 三层平面图
15. 东立面图
16. 南立面图

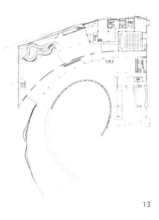

12　　　　　　　　　13　　　　　　　　　14

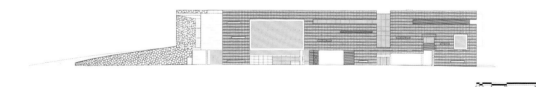

15

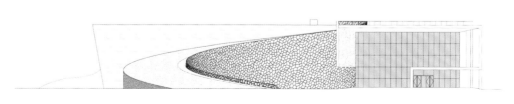

16

长沙国际会展中心

项目地点：湖南省长沙市
项目功能：会议、展览
建筑规模：432 000m²
建成时间：在建

作品简介

会展中心用地紧邻湘江支流浏阳河，基地地理位置独特。设计撷取岳麓山之意向，展馆沿河采用反弧形天际线，体现长沙的潇湘水韵，营造出一幅浏阳河边的写意山水画。同时，沿河连续舒展的屋面，加强了从远处高铁站观看的标识性。会展中心呈方形布局，采用单元重复式方案，体量组合匀质构图，尺度适中、结构逻辑清晰。

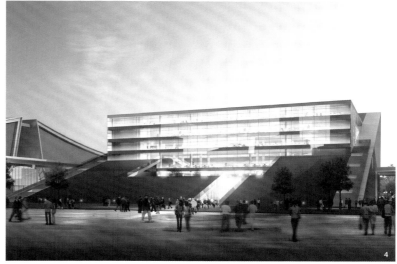

1. 入口透视图
2. 整体鸟瞰图
3. 沿河透视图
4. 晨景透视图
5. 展厅内景

BTCE

王孝雄建筑设计院
Wang Xiao Xiong Architects and Engineers

王孝雄建筑设计院（前身为王孝雄建筑设计事务所）创建于 1996 年，是国家住房与城乡建设部批准的工程设计甲级、山西省住房与城乡建设厅批准的城乡规划编制乙级单位，是国家首批民营股份制设计公司，是国际标准 ISO9001 质量管理体系认证单位。主要业务包括建筑工程设计、城市规划设计、园林景观设计、工程装饰设计、工程咨询等内容。

王孝雄建筑设计院现有员工 80 人，其中具有高级职称的技术人员 17 人、具有中级职称的技术人员 18 人、国家一级注册建筑师 9 人、一级注册结构工程师 6 人、注册城市规划师 4 人、注册公用设备工程师 5 人、注册电气工程师 2 人、具有博士学位的技术人员 3 人、具有硕士学位的技术人员 10 人。

Wang Xiao Xiong Architects and Engineers (formerly known as Wang Shiao Shiong and Associates–Architecture, Interior and Garden Design) was founded in 1996. It is a Grade A organization approved by the Chinese National Ministry of Housing and Urban-Rural Development for engineering design, and a Grade B organization approved by the Shanxi Provincial Housing and Urban-Rural Construction Department for planning formulation in urban and rural development. It was also one of the first private design companies to be approved under the national shareholding system, and has obtained the international ISO9001 certification for Quality Management. The company is now primarily involved in architectural design, urban planning and design, garden landscape design, engineering decoration design, and engineering consultation.

Our institute now has 80 employees, including 17 technicians with senior professional titles, 18 technicians with intermediate professional titles, 9 national-level first-class registered architects, 6 first-class registered structural engineers, 4 registered urban planners, 5 registered public utility engineers, and 2 registered electrical engineers. Among these, there are 3 people with doctorate degrees, and 10 with master's degrees.

"思" 与 "行"，"源" 与 "创"

"大胆的尝试、理性的建造"是我们的设计理念，"精心创作、上乘质量、科学管理、一流追求"是我们的创院宗旨。

改革产生的经济飞速发展带动着城市的急剧扩张。面对这个日新月异的时代，建筑设计师作为城市建设的重要参与人，必须准确、快速地找到并掌握科学的设计理念、途径和方法。

建筑和城市都是因人类活动而创造的空间，建筑是城市的主体，城市是建筑的载体。随着时代的变迁，人们的文化修养及自然观念发生着转变。建筑作为人类精神世界的外在体现，被这种环境变化时刻影响着。作为设计者的我们应该把握好变化的契机，与时俱进，结合新的建筑技术，寻求新的设计思想，创作出新的建筑设计理念。

发展的同时也伴生着新的"矛盾"。

近年来，建筑在中国城市的发展中呈现出了多样性、繁琐性和陈旧性特性。在市场经济快速发展的要求下，大量的个体建筑涌现出来，形态繁杂，有些与城市的整体规划格格不入。经济的快速发展也提高了人们对建筑设施的要求，一些建筑从设施的功能配备及外形开始老化，致使建筑出现了"寿命短""拆

建快"等现象。而一些建筑又抛弃了本身所需的适用性，造价高昂。一些地方为完成指标进行建筑设计，拿着固定的模式去套不同的设计，或是断章取义地复制、照搬西方建筑的造型手法，舍弃自身独特的文化背景，生搬硬套地批量化设计，在"中国越来越没有中国味道""长安街如同美国的曼哈顿"等讽刺中丧失了中国建筑设计的自我意识和创新意识。

"矛盾"可以促使我们思索、探寻和进步。

民族的才是世界的。建筑师在建筑的设计上应延续传统文化，体现出自身地方特色，在进行建筑设计过程中注重体现人文和历史的特征。利用传统的元素大胆设计出新的地域文化特色建筑。将地方民族特色通过简化、重现等方法应用于新的建筑。这是我们新一代建筑师追求及思索的建筑理念。

"实用性"是建筑设计开展的基础。

每一个建筑之所以建立都有其独具的用途，透过表象可以看到建筑设计的本质绝不在于追求形式主义的新奇，更不在于纯粹表现建筑本身的个性，而最为平实的实用性和使用性才是建筑设计的精髓所在，这也是实用的建筑设计理念一直沿用下

地址 (Add): 山西省太原市万柏林区千峰南路 6 号
邮编 (Zip): 030024
电话 (Tel): 86-351-6174147/6174274
传真 (Fax): 86-351-6174224/6183130
Email: btce2000@263.net
Website: www.btcechina.com

来的的主要原因。人们在追求实用的过程中，注重比例、均衡、材料、质地、牢固程度等问题，才导致建筑美、艺术美的诞生。正是实现了建筑实用性功能而引起那种有别于对天然巢穴的满足感、舒适感和喜悦感，才产生一种能够发展人的审美情感的心理因素。这样面对一定的建筑形象，我们才能深感其美。

在利用历史元素的"传承"上，我们还需要"出新"的创作。

结合建筑新技术、新结构，在这个快速而嘈杂的时代创造出宁静而简朴的世界，成为城市的诗歌，将艺术、文化、建筑结合在一起，打破建筑创作的孤独性，不再只是单一的使用，即创作手法上的细节繁琐、整体简约。同时建筑在符合本质的实用、功能的满足外，也要注入新的建筑思想。

绿色建筑，在为人们提供健康、舒适、安全的居住、工作和活动的空间的同时，在建筑全生命周期中实现高效率地利用节约资源和利用可再生能源。通过对建筑用地的周边环境因素和地理位置数据的采集及分析，对场地布局、建筑朝向与形态的把控，进行科学地设计。因地制宜、师法自然、顺应风土，充分利用环境自然资源条件下建造建筑。典型建筑最终的长远获利能够推动绿色建筑在整个社会的发展。

大自然呈现在我们面前的景象不是单一的，我们可以利用这些自然元素和形态，将它们抽取出来并具象化，结合科学原理及实用基础，将其应用在建筑设计上，让机械的建筑"活"起来，使得我们的建筑材料上来源于大自然，形态上融于大自然，不再孤立在大自然中，而是成为它的一个分子，回归自然、回归环境。

单个建筑从来都不是孤独存在的，某个建筑的标新立异并不能带给整个城市活力。我们应该化零为整，将单个的"它"团结在一起，让"它们"成为城市的名片。

作为建筑师，我们不仅仅是城市的建造者，也是一名文化的传承者。我们创作的建筑作品应是城市载体的"新细胞"，是城市交响曲中的"新乐句"。我们本着"时代的理念，科学的方法，严谨的作风，完善的服务"，在充分满足用户要求的同时，解除陈旧观念对建筑设计的制约，设计出适应时代、和谐环境的城市和更加富有生命力的"美好"建筑。

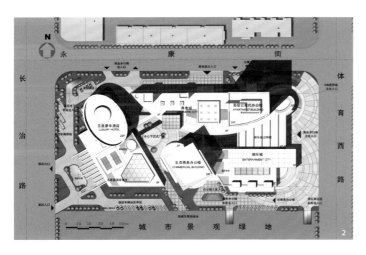

世纪广场

项目地点：山西省太原市
项目功能：商业综合体
建筑规模：18.6 000m²
设计／建成：2006／2009 年

作品简介

本项目位于太原市长治路与长风街交汇处东北角，是一个包括五星级酒店、高档写字楼、大型购物中心及大型地下超市为一体的城市商业综合体。

1. 远景
2. 总平面图

胜溪湖文体科教园区施工图设计
项目地点：山西省孝义市
项目功能：文化中心、体育中心
总建筑规模：16 000m²
设计／建成：2009 年／在建
合作单位：北京清华城市规划设计研究院

作品简介

2009 年规划设计，2013 年以投入使用，本工程位于
孝义主城区西南的胜溪湖（张家庄水库）南侧，东
临湖滨路，西临支二路，北临景观南路，南临城南
大道，项目定位基础为区域性中心城市配套设施，
包括职业技术学院（全期设置 10 000 人在校生规模）
以及市级文化中心与体育中心。

1. 远景
2~4. 透视图

潞城市宣传文化中心

项目地点：山西省潞城市

项目功能：文化中心

建筑规模：5 995m²

设计时间：2004 年

作品简介

潞城宣传文化中心是潞城市唯一的综合性文化设施，包含群众文化活动、学习培训、专业工作、报告厅、展览、阅览等多功能，主体部分为四层，局部三层。根据用地形状及景观环境的要求，西侧布置四层主楼，使视线景观主要为城市广场。需要大空间的报告厅、展览、阅览等功能部分设置于用地东侧三层。

1. 建筑局部
2. 建筑正立面

金华广场

项目地点：山西省太原市
项目功能：商业综合体
建筑规模：110 000m²
设计/建成：2004/2010 年

作品简介

项目是集商业、办公、餐饮及娱乐等为一体的
高层综合建筑，地下 1~3 层为商场、停车场和
设备用房，同时地下 3 层为人防工程，平战结合。
地上 1~4 层为商场，5~11 层为餐饮、娱乐，12
层为设备层，13、14 层为客房，15~26 层为写字间。
主体结构为框架剪力墙。

1. 建筑实景
2. 透视图

汾阳市杏花村新区修建性详规（图1~图2）
项目地点：山西省汾阳市
设计时间：2011 年

莲池北三景综合工程（图3）
项目地点：河北省保定市
项目功能：综合体
建筑规模：13 418.88m²
设计 / 建成：2001 / 2008 年

寿阳县体育馆及青少年活动中心（图1）

项目地点：山西省寿阳县

项目功能：青少年活动中心

建筑规模：25 200m²

设计时间：2009 年

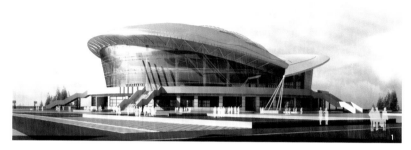

武乡体育馆（图2~图3）

项目地点：山西省武乡县

项目功能：体育中心

建筑规模：4 240m²

设计 / 建成：2003 / 2005 年

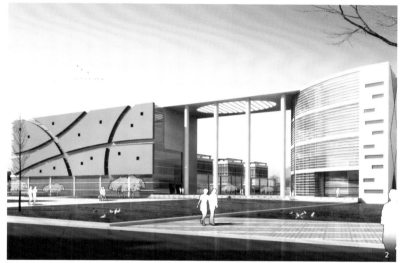

柳林县新职中、新高中（图1～图2）

项目地点：山西省柳林县

项目功能：学校

总建筑规模：143 000m²

设计时间：2008 年

新疆伊犁英才幼儿园（图3）

项目地点：新疆维吾尔自治区伊宁市

项目功能：幼儿园

总建筑规模：4 837.53m²

设计 / 建成：2003 / 2004 年

汇锦花园、汇北及丽园高层住宅小区（图1~图2）

项目地点：山西省太原市

项目功能：住宅

建筑规模：300 000m²

设计时间：2003 年

滨东花园（图3~图4）

项目地点：山西省太原市

项目功能：住宅

总建筑规模：100 000m²

设计/建成：2003/ 2007 年

苏州工业园区职业技术学院三、四期工程
项目地点：江苏省苏州市
项目功能：学校
建筑规模：50 961㎡

作品简介
总体布局中三期和四期建筑延续并发展了一、二期建筑东西向长、南北向浅的水平状空间形态，与一、二期已建成的建筑一起围合成一组和谐而亲切的校园活动空间。简洁的立面造型，墨绿与乳白相映衬的色彩对比，和一、二期建筑一起形成了完整而和谐的整体。

1. 建筑正立面
2. 总平面图
3. 建筑局部

北京九台2000家园

项目地点：北京市

项目功能：商业、办公及住宅

建筑规模：54 000m²

设计时间：2000 年

作品简介

本项目包括地下 2 层设备用房、1~4 层商业及办公裙楼、屋顶花园及中央塔楼式住宅建筑。该项目获得 2005 年山西省厅级城乡建设优秀设计三等奖。

原构国际设计顾问
ACO Architects & Consultants

原构国际设计顾问是综合性建筑设计顾问公司，公司拥有中国建筑工程甲级，城市规划乙级，文物保护工程勘察乙级及风景园林工程乙级等设计资质，业务范围涵盖建筑领域的应用研究、项目策划、工程咨询、城市设计、建筑设计及项目管理等，专长于总体规划、住宅区开发、公共服务设施（商业、酒店、工业及医疗）、宗教建筑、文化及学校建筑、景观及室内的设计与服务等。

ACO Architects & Consultants Company LTD. (hereinafter referred to as "ACO") is a reputable consultant engaged in architectural design and engineering consultancy. ACO possesses national and international business qualifications, such as Level-A Comprehensive Design Qualification of China, Level-B Planning Qualification, Level-B Qualification for Preservation of Cultural Relics and Level-B Landscape Engineering Qualification. The business scope of ACO ranges from architectural research, programming, consulting, urban planning, and architectural design to design management. ACO is specialized in whole process design and design management of master planning, urban planning, residence development and public service facilities (offices, retail buildings, hotels, and medical facilities etc), place

设计属于中国的好建筑

原构，2004 年创立于经济高速发展期的上海。

朴素的原旨是：设计属于中国的好建筑。

建筑，不仅是人类遮风避雨的场所，也是寄托美好理想的精神家园。历史上，中国有过城市、建筑及园林营造的辉煌成就。虽然传统的木结构使中国的建筑不能如西方的建筑那样保存久远，但也充分体现了我们的祖先（文人，工匠，艺人，官员等）在营造方面的造诣。尤其是古代的城市建设，极大地反映出中国人在环境研究（风水术）、城市设计（营城）、皇家建筑和民居营造、景观设计（造园，包括皇家园林及私囿）领域与文人传统的高度结合。以此，将宗教、艺术、哲学等东方文明的精髓完美地呈现在世人的眼前。历代文化的绵绵传承，依托的是我们曾经有过的"匠人营国"之优良传统。王朝兴废、几经更迭，

但这种对工匠、对艺术的尊崇，是我们始终如一的执着。

2014 年，原构创立十年。"厚德载物、讷言敏行"，原构从古老中国和全球智慧中不断汲取营养。从寺庙的修复重建到城市的更新改造，均能敬重原址文明的传统，用心倾听历史的箴言，尊重原材料的个性表达，采用最贴切的建造技术，不断创新出令人激动的空间形式，实现传统与现代的完美融合。

这十年，是中国建筑界被 GDP 裹挟急行的十年，环境为此付出了沉重的代价。良莠不齐的现状、急功近利的心态，严重影响着行业的走向。秉持对未来、对使用者、对文化价值负责的态度，原构精心选择和设计每个委托项目，竭尽所能平衡集团利益和大众利益、环境和开发、时代和传统、安全和经济、伪艺术和真浪费的危险关系，使建筑设计成果摆脱被使用者唾

严明达　侯国辉　兰红军　冯刚　刘应敏　刘恩阳　刘春华　劳汇荻　吕晓松　吴家西　唐荣飞　曾升　孙卫华

孙高鹏　帅德枝　张景秋　张林花　张波　张琢　张锦生　张雷　成晓玉　敬辉　时俊霞　景菁　曹思维

朱张磊　朱晓松　朱堃　李庆旭　李志　李林　李胜利　杜贵首　杨晶　林士扬　汪久峰　汪瑞群　沈悦

王为宏　王法　苏凌　范硕奕　赵石峰　赵辉　金良程　钱时德　陈刚　陈琦　马力力　高虹　魏根顺

总部
地址（Add）：上海市徐汇区桂林路 406 号 6 幢
邮编（Zip）：200233
电话（Tel）：86-21-64579966
传真（Fax）：86-21-54970707
Email：aco@acodesign.com
Website：www.acodesign.com
Wechat：acodesign

辽宁分公司
地址（Add）：辽宁省沈阳市和平区长白西路和盛巷 6 号
　　　　　　浑河万科中心 6 楼
邮编（Zip）：110016
电话（Tel）：86-24-23182320
传真（Fax）：86-24-23182360

江苏分公司
地址（Add）：江苏省无锡市华仁凤凰国际大厦
　　　　　　1808 室
邮编（Zip）：214001
电话（Tel）：86-510-82339966
传真（Fax）：86-510-82360707

弃、被未来施咒的命运。面对这个浮躁迷茫的时代，我们坚信，设计是一种改变未来的力量。这种力量让我们看到希望，使未来充满寄托。建设未来中国，为城市化服务，原构有力量坚持下去。

　　十年的坚守，成功和失败并存，把这些记录下来是我们的责任所在。原构的历程亦是当代中国许许多多设计机构发展的缩影。在城市和乡村发生巨变的背后，是这些日夜辛劳的设计师们默默耕耘的背影。尊重他们才能正视历史。

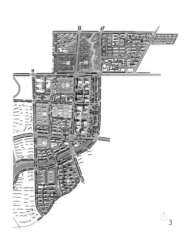

青岛万科李沧生态城规划

项目地点：山东省青岛市
项目功能：城市设计
占地面积：79.90hm²
设计时间：2009 年至今

作品简介

基地位于李沧东部新区中心地带，城市发展的金带（金水路商务产业带）与城市蓝带（李村河休闲产业带）接壤之处。以李村河公园为背景，道路为构架，来诠释全区的空间秩序。"有张有弛、有软有硬、有休闲健身"是本设计的构思基础。建筑朝向在满足日照的基础上，尽量面向最佳景观面，形成远可观山，近可看水的特色。利用金水路道路红线两边的 10m 公共绿化带及市政商业配套设施，把整个金水路作为一条串接着购物公园、文化公园、休闲公园的城市"黄金大道"来对待，成为整个规划的主轴，辅以"南北水系公园"景观轴展开，勾勒出李沧生态城的独特魅力。

1. 售楼处实景
2. 鸟瞰图
3. 总平面图
4.5. 蚂蚁工坊效果图

无锡惠山科技园区规划

项目地点：江苏省无锡市

项目功能：办公、酒店、SOHO、会议中心

建筑规模：97 000m²

占地面积：12.12hm²

设计／建成：2008/2013年

作品简介

惠山科技园集江南烟雨文化及高科技现代化城市于一体，为无锡产业升级的承载地。园区整体规划从与主城区的道路交通系统及科技创业园特征入手，重点分析企业外来投资客户的市场环境及功能需求，结合江南自然景观特色及建筑特征，智能自动化、优质生态环境、高速的资讯资源及可持续发展均成为本案的规划宗旨。

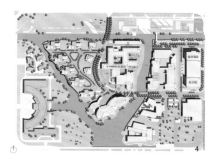

1. 航拍

2. 会议中心实景

3. 无锡惠山艾迪酒店实景

4. 总平面图

济南中海·国际社区A2地块

项目地点：山东省济南市
项目功能：住宅
建筑规模：333 920m²
占地面积：17.54 hm²
建成时间：2013 年

作品简介

本项目以建设环境友好型社区为目标，以资源保护为重点，强化对水源、土地、自然保护区、山林、绿地、水系等自然资源的保护与利用，创造良好的生态环境。

规划时，通过景观、道路和公共服务设施的合理有机布局，最大限度地消除规划道路对整个社区的分割影响。通过采取有效的设计，减少不利因素对地块的消极影响，提升土地的综合利用价值。

1. 实景
2. 总平面图
3. 实景

建国中路20、22号修缮工程
项目地点：上海市
项目功能：历史保护建筑
建筑规模：8 000㎡
设计 / 建成：2012/2014 年

作品简介

建国中路 20 号和 22 号分别为法租界会审公廨旧址和法租界巡捕房（中央巡捕房）旧址，分别建于 1914 年和 1916 年，作为当时法租界司法权力的中心，具备丰富的人文历史价值和建筑艺术价值。1943 年日伪上海市政府接收法租界，将"巡捕房"改称为"上海市特别市第三警察局"。

建筑中的会审公廨呈晚期殖民地外廊风格，兼容古典主义和巴洛克手法。警务处暨中央巡捕房是带有法国古典主义建筑立面形式特征的西式建筑，后加层改造，带有艺术装饰风格。从尊重历史建筑的历史原则性和环境整体性出发，建立保护实践的工作架构和具体措施，以完整地保存两座历史建筑的历史和艺术价值。

本次保护性修缮重点是，外部空间最大限度地恢复历史原貌，修缮严格按照传统工艺、原有材料进行保护性修缮。譬如修缮损坏的清水砖墙面、修缮斩假石墙面、恢复会审公廨南面的圆弧楼梯等等。关于室内空间的利用，在保存古韵，注重使用理念指导下，对重点部位严格保护，室内非重点保护部位合理利用，满足现代办公要求。

1. 原始地形图
2.3. 实景

青岛万科城多伦多街区

项目地点：山东省青岛市
项目功能：住宅
建筑规模：212 000m²
占地面积：6.75 hm²
设计时间：2010 年

作品简介

万科城项目旨在创造一种有别于传统的封闭的住宅小区，面向高龄者及其子女，打造具有活力的高质量的街区生活，通过对街道空间、公共空间以及商业氛围的塑造来吸引人气，提升地段价值，从而成为倡导一种全新理念与生活方式的居住区。

青岛万科城项目是青岛新都心开发计划的重要组成部分。整个万科城由五个地块组成，包括住宅、SOHO 和商业的复合开发。万科城多伦多街区，位于整个万科城较为安静的北部，定位为高龄者及其子女居住的健康社区。

多伦多街区东侧及南侧为住宅用地，西侧为小学，北侧为中学，近万科城的各地块内规划有多层、高层建筑，为了确保从多伦多街区开始的眺望视线能够从周边建筑的间隙中通过，在住宅楼的配置中，景观轴的走向是重要的规划因素。

1. 实景
2. 总平面图

沈阳万科城沿街商业（八期、九期）

项目地点：辽宁省沈阳市

项目功能：商业

建筑规模：158 671.87m²（八期）
107 312.5m²（九期）

设计时间：2009 年

作品简介

万科城八期、九期项目设计概念为依托浑河的自
然风景，创造集餐饮、商业办公为一体的区域性
商业配套，同时丰富的沿河立面使万科城成为浑
河南岸重要的城市轮廓线。

1~3. 实景

无锡惠山艾迪花园酒店

项目地点：江苏省无锡市

项目功能：酒店

建筑规模：28 668m²

占地面积：1.58hm²

设计 / 建成：2008/2013 年

作品简介

江南烟雨，太湖碧波孕育了无锡的过往和现在。惠山酒店设计取意于江南园林及水乡精华，主体建筑由四个尺度不同的庭院组织而成。各个庭院之间由廊或房串联过渡，形成了丰富的室内外渗透空间，客房围绕庭院布置，或开放或封闭，优雅的庭院景观为客房提供了良好的视觉感受。酒店二期采用了四个大小各异的花瓣沿着河面绽放，宛如一株杜鹃花盛开在河畔，夕阳西下时，金色余晖照耀着两颗河畔明珠，为惠山区抹上浪漫的江南气息。

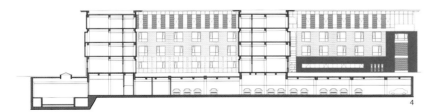

1. 建筑室内空间
2. 建筑实景
3.4. 酒店立面图

无锡惠山信息港办公楼

项目地点：江苏省无锡市
项目功能：办公 SOHO
建筑规模：51 723m²
设计时间：2008/2013 年

作品简介

本案旨在为产业园提供科技创业孵化中心。两栋 20 层的办公楼提供 50~200m² 的出租办公单元，塔楼之间为办公服务的餐饮和商业区。塔楼立面采用多种颜色玻璃幕墙进行体块穿插，双子塔楼遥相呼应，体现了高科技时代的建筑特征，也充分表达出信息港——孵化器的建筑特质。

1. 建筑实景
2. 一层平面图
3. 实景

合肥旭辉·御玺别墅项目室内装饰设计

项目地点：安徽省合肥市

项目功能：住宅

设计面积：240m²

设计 / 建成：2011/2012 年

作品简介

本项目作为合肥市滨湖新区的高端别墅项目，装修风格主要定位在比较沉稳的设计风格，同时比较奢华尊贵的新装饰主义。新装饰主义主张质感与层次，有别于传统的装饰主义，注重于实际、典雅与品味。在呈现精简的线条同时又蕴含奢华感，通过不同质感材料的搭配，运用光与影的变化，营造出富有动感节奏的室内空间。

1.2. 实景

上海万科虹桥时一区商业办公室内装饰设计

项目地点：上海市

项目功能：商业、办公

设计面积：商业办公 2 687m²
办公样板房 180m²

设计 / 建成：2011/2015 年

作品简介

是上海万科首个综合体项目。

1.2. 实景

2

上海万科清林径

项目地点：上海市

项目功能：住宅

占地面积：99 209.2m²

设计／建成：2010／2013 年

作品简介

上海万科清林径项目位于浦东新区新场镇，属于万科上海公司早期的 PC 技术实践项目，PC率较小，仅做了山墙、北向内天井处部分外墙，且为纯 PCF 外挂形式，均未参与结构计算。

项目荣获 2014 年度上海市优秀住宅设计三等奖。

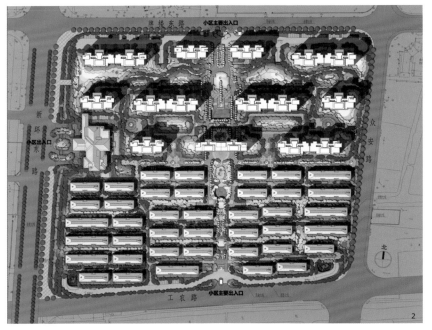

1. 鸟瞰图
2. 总平面图

大连万科·海港城景观设计（图1~图2）

项目地点：辽宁省大连市

项目功能：景观

占地面积：17.24 hm²

设计时间：2010~2013 年

济南万科新里程景观设计（图3~图4）

项目地点：山东省济南市

项目功能：景观

占地面积：7.93 hm²

设计时间：设计中

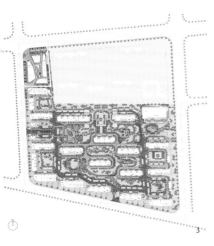

大小建築
SLASTUDIO

上海大小建筑设计事务所有限公司
SLASTUDIO

大小建筑设计事务所有限公司是由主持建筑师李瑶和设计总监吴正创建的富有经验和创意的甲级建筑设计事务所。其设计作品屡获嘉奖，在包括酒店、办公等城市综合体设计中表现了成熟完美的设计理念。主持建筑师李瑶曾获得"第七届中国建筑学会青年建筑师"及"具有大师潜质青年建筑师"称号。在设计过程中，他们注重项目的环境因素，将设计理念和客户的愿景充分结合；通过全过程的设计控制，注重对细节的关注和刻画，完整地体现设计理念，以"小而精致、大至精彩"的原创设计精神创作不同类型的设计作品。公司目前拥有甲级建筑设计事务所资质，并成为上海建筑学会众创平台首批创作工作室。

SLASTUDIO is a Class I ranking architectural design firm whose creativity and rich experience speak for itself. Co-founders Lead Architect Mr. Yao Li and Design Director Mr. Zheng Wu received a series of awards in space design, exemplifying highly matured and concise design philosophy in complexe buildings including hotels, offices, etc. Lead Architect Yao Li was awarded "The Young Architect" by The Architectural Society of China; "The Most Promising Great Master Young Architect" by The Shanghai Exploration & Design Trade Association. During the whole design process, environmental element is valued and design philosophy is balanced with the needs of clients to a full combination; design control throughout the process being dedicated to every detailing parts in order to bring out a design concept in complete. "Small but exquisite, Big and Brilliant"; this design philosophy shone in many a SLASTUDIO design works in various types. currently, we have Class A architectural design firm qualifications, and became first studio of public creative platform of The Architectural Society of Shanghai.

城市之困

"魔都"、"帝都"、"雾霾"和"首堵"等是这几年谈得比较多的流行词之一。大型城市面临着发展和现状的困顿、雾霾、交通堵塞，发展的简单化给予了城市更多发展的错觉。20世纪初，旅居上海的日本作家村松梢风的畅销小说《魔都》，大概是把上海称为"魔都"的由来。此后，"魔都"一词被许多人用来形容上海那错综迷离的世相。

上海这个城市更多的是给予我一些城市的记忆，那些人性化的街巷里面的场景。新的生活方式的导入给予人生活状态的改变，随着城市的发展，同样面临着大城市和传统的建筑习惯的消融。上海的城市变迁，面临着城市特色的挣扎和再生，里弄正慢慢被蚕食。

说到帝都，作为一个有三千年建城史的中华人民共和国首都，给人印象最深的就是皇城胡同，代表了皇权制度。北京市经历了很有特色的建筑文化洗礼，三千年的建城史阻止不了社会主义建设的浪潮及对京城格局的翻天变化。梁思成能够以"建筑绝不是某一民族的，而是全人类文明的结晶"超国界的精神，奔走在前线保护住日本的历史文脉——京都和奈良，却阻止不了北京城墙的拆除。而后有一些中国文化简单化回归的过程，包括了现代大师的导入，形成整个城市的新格局。

城市随着整个地产业的开发，仿造外国风情的建筑层出不穷，洋文化的变异性非常快速地进入了我们的生活，比如说西班牙广场式里弄，快速地导入到城市中心，这可谓是一种"建筑殖民"，很多原因可以归咎在缺乏对于城市文化背景、建筑根源的理解。

当这些历史和现代慢慢积累的城市问题日益堆积后，我们得到了现在的城市，一个雾霾底下的城市，一个阻塞的城市，也体会了环境控制、城市生活、规划建筑和这个城市亚健康状态的关联。城市慢慢地远离了已有的格局，在这个过程中，我们去如何维护我们的文化，成为身为建筑师的我不断思索的命题，因为这与建筑息息相关。

上海衡山路十二号豪华精选酒店是我与马里奥·博塔——这位经典的红砖大师所合作设计的精品酒店项目，位于徐汇区衡山路历史文化风貌保护区的核心地段，以低调的姿态在历史风貌保护区中建立了全新的功能和秩序。红砖绿荫是整个区域的特色，衡山路十二号为了解决自身功能和周边规划的过程，以一个低矮的建筑形式作为城市导入的方向，表现了同样的"城

李 瑶
主持建筑师
国家一级注册建筑师
《建筑细部》杂志编委
上海市建筑学会建筑创作
学术部委员

吴 正
设计总监
国家一级注册建筑师

地址 (Add)：上海市恒丰路 568 号恒汇国际大厦 906 室
邮编 (Zip)：200070
电话 (Tel)：86-21-32261209
传真 (Fax)：86-21-32261016
Email: sla_shanghai@126.com
Website: www.sla.net.cn

市情结"，一个内院的空间形成了很好的对应。在全设计过程中也体会到了在新的城市格局中如何维护城市韵味，这也是新兴建筑对于城市的全新反馈。

随着城市发展的进程经历了高速运转的阶段，建筑师形成了新的研究命题——保护和再生，去体会新型城市的形态和原有城市肌理在碰撞中前行的方式。在原有的城市格局中利用现存的物理架构来挖掘区域的城市文脉，也是作为建筑师塑造全新的建筑架构和建筑功用的方式。更多的工业建筑的保护和再生是目前城市更新的大趋势。美国曼哈顿 Highline 城市高架公园和哥本哈根 Superkilen 城市总体规划广场的设计都通过城市的景观性的导入，让城市的活力，在用途改变的前提下，得到新生。通过景观化的色彩及功能化的改变，形成全新的城市的肌理。我们希望通过保留城市原有的一些格局，或者是特征化的元素，形成新功能的载体。改建不外乎用留、改、拆、建的手法，去把握真正的血脉所在。

北京银河财智中心项目是完成竣工验收的办公项目，相对于上海是里弄小尺度的背景来说，北京是超大尺度的环境，整个办公的塔楼以方块的组合方式形成它的对比。在这样的背景下，希望建筑对于城市的氛围的导入，顺应城市的肌理。同时，针对这个雾霾的城市，在设计上做了良好的应对，整个的通风幕墙中我们做了相对比较有趣的改变，形成了非单一开启方式的细部设计。从建筑师的角度来说，常规幕墙的开启方法不是我们所喜的，而我们喜欢的往往是代价很高的。在这样的前提下跟业主团队和专业团队想了相对折中的办法，结合实体和虚体的功能做了一些实体墙，通风口在内侧全部可以打开，适合不同的季节做自主的调节。在不影响建筑立面的前提下，形成与环境和空气很好地对接。

大小建筑设计希望从建筑师的角度去思考大型都市，尤其是北京和上海这样一个从工业化制造的城市，向一个全新的城市业态改变当中，建筑师应当寻找意义和创造意义以及建立全新的人际关系的过程。

（本文摘录于李瑶在"大小建筑联盟论坛"上的发言）

北京石景山银河财智中心

项目地点：北京市
项目功能：办公及商业综合体
建筑规模：88 194 m²
设计／建成：2013/2015 年
合作单位：上海中建建筑设计院有限公司

作品简介

设计力求将该建筑建设成为强而有力且优雅的核心区标志性建筑。考虑到区域建筑限高的因素，外立面主要利用石材饰条强调竖向线条，以增强建筑的挺拔感。与内部中庭空间、景观视线、日照采光相结合，加入玻璃幕墙的元素。玻璃与石材的虚实对比更丰富了立面的层次。明快又不失稳重，虚实对比，简洁流畅。

1. 塔楼及裙房局部
2. 街景透视图
3. 总平面图
4. 剖面图

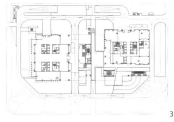

南通星湖城市广场

项目地点：江苏省南通市

项目功能：商业、办公、住宅综合体

建筑规模：460 000 m²

设计时间：2013~2014 年

作品简介

建筑以流线型的建筑外观来引入更多的人流和开放式的商业空间。单个的商业体量之前通过开放的步道形成多变的组合。地块针对商业性与私密性区域进行合理分区，动静分离。将主塔楼布置于北侧，最大程度减少对商业动线和住宅日照的影响。住宅区位于私密性最好的东北区域，商业部分与 MALL 形成连续商业面。北高南低、西高东低，形成合理的布局方式，也满足不同业态的需求。

1. 商业街透视图
2. 总平面图
3. 整体鸟瞰图

1. 整体鸟瞰图
2. 总平面图

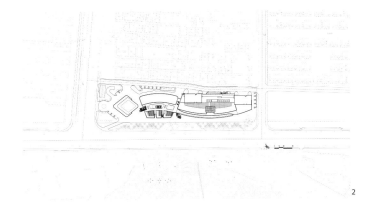

安吉城东城市综合体

项目地点：浙江省湖州市

项目功能：公寓、商业办公综合体

建筑规模：115 898m²

设计时间：2013~2014 年

合作单位：创羿（中国）建筑工程咨询有限公司

上海迪弗建筑规划设计有限公司

上海路盛德照明工程设计有限公司

上海中建建筑设计院有限公司

作品简介

建筑设计提取"凤仪竹篁"为概念主题，打造未来整个
区域的城市商业新地标。以商务办公、休闲度假、山地
人居为一体的多功能业态构成。西侧地块定义为酒店及
办公，东侧地块为两栋独立的酒店式公寓，以"绿色峡
谷"的概念，实现体验式商业的模式。

上海内江路设计院子

项目地点：上海市
项目功能：办公（旧建改造）
建筑规模：7 086m²
设计时间：2013~2014 年
合作单位：上海五冶建筑工程设计有限公司

作品简介

项目建筑厂房原为大型加工厂房，设计希望在尊重现有厂房格局的基础上，引入"里弄式"的办公格局，将工业厂房新生和城市背景相结合，更将绿色建筑理念导入到更新的环境中。

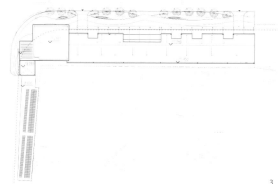

1. 立面改造透视图
2. 街景透视图
3. 总平面图

1

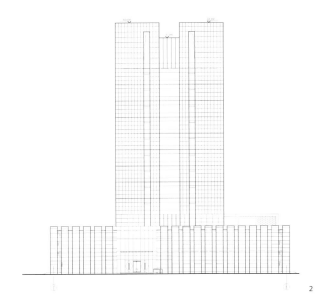

2

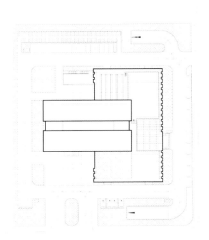

3

南通综合保税区管理大楼

项目地点：江苏省南通市

项目功能：办公

建筑规模：24 307m²

设计 / 建成：2013/2014 年

合作单位：上海中建建筑设计院有限公司

作品简介

建筑更多的是功能化体现与空间的对话，由此产生有趣的对应。作为政府服务平台，希望表现出一个干练的建筑形象。建筑体量偏小，立面通过竖直的线条来提升挺拔感，而裙房部分则与主楼形成有趣的横竖对应，派生出相应的辅助空间。用简单的建筑语言来表达对空间以及城市的融入度。

1. 透视图　　　　4. 办事大厅

2. 侧立面图　　　5. 入口透视图

3. 总平面图

5

上海衡山路十二号豪华精选酒店

项目地点：上海市

项目功能：精品酒店

建筑规模：51 094 m²

设计 / 建成：2008/2012 年

（主持建筑师李瑶在华东院时期作品）

作品简介

设计从空间着手，通过一系列具有创意的设计手法力求达到与风貌区周边环境融为一体的设计目标。以法国梧桐构成的花园式庭院形成绿色核心，与下部泳池区域的顶部空间结合在一起考虑，既满足了功能上的需求，又丰富了空间造型，构成了精品酒店的核心和灵魂，使建筑在精神上与衡山路——复兴路文化历史风貌区相呼应，给予宾客以延续性的体验。项目结合精品酒店的区域定位，用焕发现代精神和城市特征的笔墨勾画空间。

1. 内庭院透视图
2. 入口透视图
3. 总平面图
4. 整体鸟瞰图

南通智慧之眼

项目地点：江苏省南通市

项目功能：办公

建筑规模：69 427m²

设计时间：2011~2013 年

作品简介

设计立意取意于"智慧之眼"，通过简洁流畅的造型、先进的绿色节能概念，表现独特的建筑风格。立面造型设计结合功能设计，表现承载与传承文化的"卷轴"理念，喻义"智慧内敛，智珠在握"，与智慧之眼的主题对应贴切，以柔性的线条和流畅的空间激发人们无尽的灵感与想象。

1. 整体鸟瞰图
2. 建筑局部效果图
3. 立面图
4. 剖面图

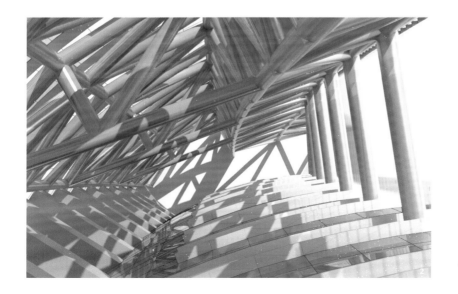

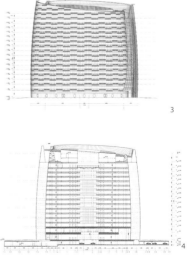

南通能达公园管理中心

项目地点：江苏省南通市
项目功能：旅游管理处
建筑规模：1 320m²
建成时间：2014 年

作品简介

由能达公园内的商品零售店和公共卫生设施组成，希望创造出一个相对融合于公园的插入性建筑，所以一条对角视廊成为整体的视觉中心，原木色的外立面也起到融入环境的作用。以"小而精致"的精神去打造一个令人感到愉悦的空间，体现建筑对于整体环境的空间对话。

1. 透视图
2. 透视图

索引 Index

《建筑中国4：当代中国建筑设计机构及其作品（2012—2015）》介绍作品分类

BUILDING CHINA 4: Contemporary Chinese Architectural Design Institutes and their Works (2012—2015) Category

后记和致谢
Postscript and Acknowledgement

30多年的改革开放，推动城市建设发展进入新的阶段，中国的建筑设计机构更是在21世纪以来的这15年中飞速发展。《建筑中国4：当代中国建筑设计机构及其作品（2012—2015）》正是以2015年为节点，呈现这段时间内的作品和思考。回想当初，我们决定做"建筑中国"系列图书，只是出于一个很简单的想法——用一种方式来整理、记录当代中国建筑的发展状态。放眼更广阔的环境，这15年对于中国而言，是机遇与挑战并存的时期。2008年北京奥运会之后，中国以更加开放的姿态面对世界，在全球性金融危机和欧洲次贷危机的严重冲击下，中国加快转变经济发展方式，在国内外复杂严峻的经济、政治形势下稳中求进，成长为世界第二大经济体。国内产业结构不断调整，城市化进程持续推进，给建筑设计机构提供了创作的舞台和发展的空间。同时，我们欣喜地看到，不断开放的中国吸引了大批境外设计机构、人才走进中国设计市场，寻求合作的机遇。思维理念碰撞的火花，可以点燃一个更加多元化的创作时代，也给我们提供了许多转换思路的机会。

　　中国近十几年的现代化和城市化建设给建筑师们提供了舞台，本书展示了中国大型设计集团和中小型建筑设计事务所的成长过程和生存状况。这种快速发展、充满机会的环境让我们感到兴奋，同时也感到不安。一方面，新的技术、新的材料、新的设计理念不断涌现，生成无限多创新空间的可能。而建筑师也可以花越来越短的时间，让方案从图纸，变成触手可得的建筑实体。另一方面，当下快速消费的时代和过度注重结果的创作环境，也让很多项目背离了建筑的本意，成为缺乏情感、与城市文脉脱离的复制品。我们在这样一个环境中，开始反思一些问题，试图对这些问题做出回应。这份工作需要所有人共同参与，最终将会作为这个时代思潮的一部分，打上历史的烙印。

　　我们希望有更多的分析、研究展开，共同探讨"建筑中国"的现象以及发展趋势。本系列丛书的内容，目前只是对当代中国建筑设计界鸟瞰型的概览，一个真实的记录。在此基础上，图书还需要增加理性的分析和研究的深度，来挖掘价值设计、文化层面的意义。希望下一个15年的中国城市与建筑发展更和谐，有更多的创新和思考展现给大家。本书的策划、编辑、制作、出版延续了一年多的时间，其间20家设计机构为本书花费了许多时间和精力去整理相关的原始资料，他们的全力支持是本书得以出版的基础，在此特别向他们表示谢意！本书的编辑加工、翻译、版面设计与制作出版等工作凝聚了许多人的艰辛劳动，他们是丁晓莉、陈淳、许萍、杨勇、顾金华、王小龙。他们的辛勤劳动和细致的工作值得肯定和敬佩。谢谢大家！

徐洁　支文军

2015年9月

图书在版编目（ＣＩＰ）数据

建筑中国.4.当代中国建筑设计机构及其作品：
2012 2015 / 徐洁, 支文军主编. -- 上海：同济大学
出版社, 2015.12
ISBN 978-7-5608-6158-6

Ⅰ.①建… Ⅱ.①徐… ②支… Ⅲ.①建筑设计—作
品集—中国—现代 Ⅳ.①TU206

中国版本图书馆CIP数据核字(2016)第008706号

书　　名　建筑中国4：当代中国建筑设计机构及其作品 （2012—2015）
主　　编　徐　洁　　支文军
出 品 人　支文军
责任编辑　由爱华　　责任校对　徐春莲

出版发行　同济大学出版社 www.tongjipress.com.cn
　　　　　（地址：上海四平路1239号　　邮编：200092　　电话：021-65985622）
经　　销　全国各地新华书店
印　　刷　上海双宁印刷有限公司
开　　本　787mm × 1092mm　1/16
印　　张　20.5
字　　数　512 000
版　　次　2016年1月第1版　　2016年1月第1次印刷
书　　号　ISBN 978-7-5608-6158-6
定　　价　218.00元